高等学校应用型本科"十三五"规划教材

U0394336

软件测试技术与实践

潘娅　范勇　王顺　李绘卓　编著

西安电子科技大学出版社

内 容 简 介

　　本书基于作者多年从事软件测试教学工作的经验，注重知识与实践的结合及应用。从软件测试的思想与测试理论入手，详细剖析软件测试工作所需的理论知识；在构建系统的测试知识体系的基础上，通过案例介绍Web应用、Android应用两大领域测试的具体方法，旨在应用测试知识去发现、分析和解决工程中的测试问题。

　　本书分为三个部分共九章。第一部分主要介绍软件测试技术基础。作者从软件缺陷入手，介绍了软件测试的定义、流程、基本原则等，对测试用例及测试标准进行了深入讨论；详细讲解了常用的软件测试方法和技能，对软件测试管理平台工具进行了介绍。第二部分侧重Web应用系统测试实践。从全面认识Web系统入手，介绍了Web系统涉及的客户端、服务器端、网络协议、数据存储等技术，对Web系统测试内容、测试环境的搭建进行了分析讲解，并通过案例具体应用所述内容，符合工程实践规范。第三部分侧重Android应用测试实践。内容涉及移动应用测试的难点与挑战，移动应用的质量要求、测试要点、常用测试工具等，详细介绍了Android测试环境的搭建，并通过案例演示了测试过程。附录部分给出了测试过程文档应用参考模板。

　　本书简明、实用，实践性较强，强调了工程技术规范，适用于高等院校软件测试类课程，也可作为测试人员实践工作中的参考资料。

图书在版编目（CIP）数据

软件测试技术与实践 / 潘娅等编著 . — 西安：西安电子科技大学出版社，2016.6
高等学校应用型本科"十三五"规划教材
ISBN 978-7-5606-4126-3

Ⅰ . ①软… Ⅱ . ①潘… Ⅲ . ① 软件—测试—高等学校—教材 Ⅳ . ① TP311.5

中国版本图书馆 CIP 数据核字 (2016) 第 124069 号

策划编辑　李惠萍
责任编辑　李惠萍
出版发行　西安电子科技大学出版社 (西安市太白南路 2 号)
电　　话　(029)88242885　88201467　　　　　邮　　编　710071
网　　址　www.xduph.com　　　　　　　　　电子邮箱　xdupfxb001@163.com
经　　销　新华书店
印刷单位　陕西天意印务有限责任公司
版　　次　2016 年 6 月第 1 版　　2016 年 6 月第 1 次印刷
开　　本　787 毫米 ×1092 毫米　1/16　印　张　12
字　　数　277 千字
印　　数　1～3000 册
定　　价　22.00 元
ISBN　978-7-5606-4126-3/TP
XDUP 4418001-1
***** 如有印装问题可调换 *****

随着市场对软件质量要求的不断提高，软件测试愈来愈受到重视。由于软件是逻辑产品，它的功能只能依赖于硬件和软件的运行环境以及人们对它的操作才能得以体现。自身的固有特性决定了软件产品的质量要求比一般有形产品要复杂。软件的可靠性、稳定性、健壮性、易移植性、易使用性等质量属性是隐含的，也是难以表达的，难以进行精确的度量，和有形产品的质量检验精度相距甚远。但是，随着软件应用越来越普及，软件功能越来越多样化，软件设计和技术越来越复杂，由软件缺陷造成的软件质量事故也层出不穷，不仅给用户和软件企业带来巨大损失，而且也可能造成对生命和财产的危害。因此，如何有效提高和保证软件产品的质量，成为行业技术人员和研究者重点关注的问题。

软件测试工作是在软件工程诞生之前就客观存在的，一直延用至今，且其测试的内容和技术也有了较大的发展。虽然我国软件产业起步较晚，与国际先进水平相比还有很大差距，但软件测试正在逐步成为一个新兴的产业。现有调查资料表明，我国企业软件测试的重要性和规范性正在不断提高，68.2%的被调查企业认为软件测试非常重要，必须设立专门的测试部门，软件测试与软件开发有同等重要的地位；测试方式也正从手工向自动化测试方式转变，自动化测试及管理已经成为项目测试的一大趋势；正确、合理地实施自动化测试，能够快速、全面地对软件进行测试，从而提高软件质量，节省经费，缩短产品发布周期。由此，社会和企业对软件测试人员的需求量也逐步增大。但是，72.7%的被调查企业认为"很多计算机专业应届毕业生缺乏实际经验和动手能力"，120万软件从业人员中，真正能够担当软件测试工作的不超过5万人。究其原因，主要存在以下几方面的问题：

(1) 从事软件测试的人员其基本功不够牢固。缺乏系统学习和培训，缺乏测试理论知识，只懂得一些表面上的测试技术，不能作更进一步的研究。

(2) 专业知识不够扎实。优秀的软件测试工程师既需要专业的软件测试技能，还需要具备软件编程能力，需要掌握网络、操作系统、数据库、中间件等计算机基础知识，并且熟悉行业领域知识。

(3) 没有建立相对完整的测试体系，忽视理论知识。大部分人对软件测试的基本定义和目的不清晰，对自己的工作职责理解不到位。

(4) 理论与实践脱节。学习的软件测试技术比较肤浅并且零杂，没有深入理解测试的基本道理，不能进行实际的应用。

目前国内很多高等院校已经开设了软件测试课程，正致力于培养更加符合市场需求的软件技术高级人才。

本书作者从事高等教育近二十年，在计算机科学与技术、软件工程、软件测试等课程的教学过程中，发现实践教学是重要却容易被忽视的环节。比如，在测试环境搭建过程中，会因为环境平台的不同出现各种各样的问题而使得学生产生厌倦心理；技术的飞速发展，测试工具的不断推陈出新，使得不少学生感到应接不暇或者盲目跟从，从而造成对工具的使用和掌握停留在比较肤浅的层次等。因此，在教师的良好指导下，也需要向学生提供有效的参考书籍，以便于学生在构造软件测试知识体系的基础上，有的放矢地进行自我学习和提升，掌握必备的自动化测试工具及其原理，熟悉软件测试的流程、工程化方法，结合测试应用领域，学会分析问题和解决问题。

本书精选了软件测试实践中所需要的基础知识，旨在用最简明的方式帮助读者建立软件测试知识体系，并且能够应用到实际测试工作中。结合目前Web系统和Android系统两大应用领域，较为详细全面地介绍了两大领域测试所必需的知识、测试工具和测试环境搭建方法，通过案例进行了演示实践。同时，注重测试方法的应用和工程的规范化。

★ **本书的组织**

本书共分为以下三个部分。

第一部分主要介绍软件测试技术基础。从软件缺陷入手，详细讲解了软件测试的定义、流程、基本原则等，对测试用例及测试标准进行了深入讨论；详细讲解了常用的软件测试方法和技能，对软件测试管理平台工具进行了介绍。

第二部分侧重Web应用系统测试实践。从全面认识Web系统入手，介绍了Web系统涉及的客户端、服务器端、网络协议、数据存储等技术，对Web系统测试内容、测试环境的搭建进行了讲解，并通过案例具体应用所述内容，符合工程实践规范。

第三部分侧重Android应用测试与实践。内容涉及移动应用测试的难点与挑战，移动应用的质量要求、测试要点、常用测试工具等，详细介绍了Android测试环境的搭建，并通过案例演示了测试过程。

附录部分给出了测试过程实用文档参考模板，可供读者参考、训练。

★本书读者对象

对于准备从事IT行业的学生来说，选择学习一门软件测试方面的课程是很重要的。因为在他们未来的工作中将涉及大量的软件应用系统、软件产品以及不断变化的外部环境。无论是软件开发人员、项目经理、测试人员、质量保证人员，还是产品经理、销售人员，都应该学习并了解软件测试的相关知识，这也是一种思维方式。

本书旨在介绍软件测试的基础知识，结合实际案例解决产品质量相关问题，是一本适合本科生软件测试课程的实践教材，也可作为初级测试人员的参考书。

★本书主要特色

(1) 精讲多练。在基础知识部分，重点介绍案例中需应用到的知识点。在应用实践方面，重点讲解如何应用已学知识去发现、分析和解决工程中的测试问题。

(2) 在测试实践案例中，按照测试流程及行业规范、国家标准展开测试工作，同时还得到了相关企业的支持，可操作性与可实践性强。

★致谢

在本书的写作过程中，得到了作者所在测试团队成员的鼎力相助，李星彦、尹潇、李跃、蔡雪莲等同学完成了大量实验，总结了有益的经验和教训；编写工作还得到了西南科技大学计算机科学与技术学院、言若金叶软件研究中心、成都博为峰软件技术有限公司(51testing)、绵阳启正软件测试有限公司等单位同仁和朋友的大力帮助与支持。在此一并表示最诚挚的感谢。

同时，也非常感谢西安电子科技大学出版社李惠萍编辑及其同事为本书出版付出的辛勤劳动，正是他们的辛勤劳动才保证了本书的顺利出版。

虽然我们尽力避免出错，但书中可能仍然存在疏漏与不妥之处，诚恳希望各位读者批评指正。

潘娅

2016年4月31日

目 录
contents

第一部分　软件测试技术基础

第二部分　Web应用系统测试实践

第一部分

软件测试技术基础

★ 测试是一种任何人可以应用于任何专业或业余任务的思维方式。

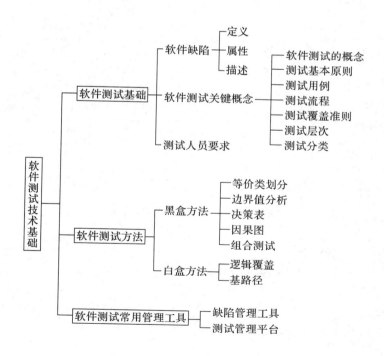

第1章　软件测试基础

编程大师说：没有错误的程序世间难求。（《编程之道》）

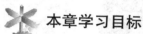 **本章学习目标**

☞　了解软件测试的发展历程，理解其定义及基本测试原理；
☞　掌握 Bug 及其描述方法；
☞　掌握测试用例的内容；
☞　了解测试基本原则；
☞　理解测试流程及测试管理的一般方法；
☞　树立软件质量意识。

1.1　软 件 缺 陷

自软件问世以来，就出现了软件问题；随着软件系统的规模越来越大，复杂程度越来越高，软件问题也越来越突出，带来了各种各样的影响：

- 1945 年 9 月 9 日下午三点，天气炎热，美国海军的"马克二型"计算机突然死机了，经过技术人员排查，最后定位到第 70 号继电器出错。编程员、编译器的发明者格蕾斯·哈珀 (Grace Hopper) 观察这个出错的继电器，发现一只飞蛾躺在中间，已经被继电器打死。她小心地用镊子将蛾子夹出来，用透明胶布贴到"事件记录本"中，并注明"第一个发现虫子的实例"，如图 1-1 所示。从此以后，人们将计算机错误戏称为 Bug。

- 1985 到 1987 年，医疗设备电力软件的 Bug 导致 Therac-25 辐射治疗设备卷入多宗因辐射剂量严重超标引发的医疗事故。据统计，大量患者接受高达预定剂量 100 倍的辐射治疗，其中至少 3 人直接死于辐射剂量超标。

- 1996 年 6 月 4 日，阿丽亚娜 5 型运载火箭首航，原计划将运送 4 颗太阳风观察卫星到预定轨道，但因软件引发的问题导致火箭在发射 39 秒后偏轨，从而激活了火箭的自我摧毁装置。阿丽亚娜 5 型火箭和其他卫星在瞬间灰飞烟灭。

- 2003 年 1 月 25 日，互联网上出现一种新型高危蠕虫病毒——"2003 蠕虫王" (Worm.NetKiller 2003)，感染该蠕虫病毒后网络带宽被大量占用，导致网络瘫痪，该病毒在亚洲、美洲、澳大利亚等地迅速传播，造成全球性的网络灾害。该蠕虫利用 SQL Server 2000 的

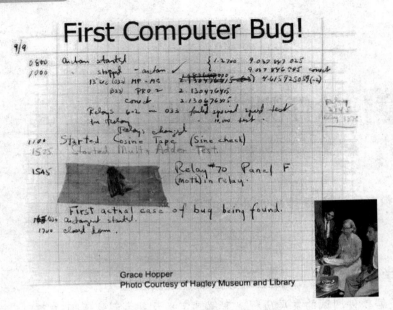

图1-1 第一个有记载的Bug

解析端口 1434 的缓冲区溢出漏洞，对网络进行恶意攻击。

• 2009 年 2 月份 Google 的 Gmail 故障，Gmail 用户几小时不能访问邮箱。据 Google 后称，那次故障是因数据中心之间的负载均衡软件的 Bug 引发的。

• 2011 年 7 月 23 日 20 时 30 分 05 秒，甬温线浙江省温州市境内，由北京南站开往福州站的 D301 次列车与杭州站开往福州南站的 D3115 次列车发生动车组列车追尾事故，造成 40 人死亡、172 人受伤，中断行车 32 小时 35 分，直接经济损失 19 371.65 万元。上海铁路局局长安路生 28 日说，根据初步掌握的情况分析，"7·23"动车事故是由于温州南站信号设备在设计上存在严重缺陷，遭雷击发生故障后，导致本应显示为红灯的区间信号机错误显示为绿灯。

• 2014 年 4 月 8 日，OpenSSL Heart Bleed(又称"心脏出血")漏洞曝光，利用这一漏洞，攻击者可以获取用户的密码，或欺骗用户访问钓鱼网站。

……

2002 年，美国国家标准与技术研究所的一项研究表明，软件缺陷给美国每年造成的损失高达 595 亿美元。

无数的案例表明，随着软件应用的广泛普及，由软件缺陷造成的软件质量事故也层出不穷，这不仅给用户和软件企业带来巨大损失，而且可能造成生命和财产的危害。

1.1.1 软件缺陷的定义

IEEE (1983)729 对软件缺陷标准的定义如下：

从产品内部看，软件缺陷泛指软件产品开发或维护过程中所存在的错误、毛病、漏洞等各种问题；从外部看，软件缺陷是指系统所需要实现的某种功能的失效或违背。

结合软件质量指标，对软件缺陷更精确的定义可以有下列 5 条陈述：

(1) 软件未达到产品说明书中已经标明的功能；

(2) 软件出现了产品说明书中指明不会出现的错误；

(3) 软件未达到产品说明书中虽未指出但应当达到的目标；

(4) 软件功能超出了产品说明书中指明的范围；

(5) 软件测试人员认为该软件难以理解、不易使用，或者最终用户认为该软件使用效果不良。

软件缺陷的范围很广，它涵盖了软件错误、不一致性问题、功能需求定义缺陷和产品设计缺陷等。但是需要注意以下术语在使用中的细微差别：

缺陷 (Fault)：静态存在于文档说明、代码或硬件系统中的缺陷，如上下文不一致、输入范围错、数组索引越界等。大多数情况下，缺陷可被查出并排除；在某些情况下，它仍然存在。

错误 (Error)：代码执行到这个缺陷时产生的错误的中间状态。

失效 (Failure)：错误的中间状态传播出去，被用户观测到的外部表现称为失效，即用户发现程序未产生所期望的服务，它是动态的。

1.1.2 软件缺陷的属性

1. 软件缺陷的严重级别

软件缺陷严重级别 (Severity) 表示软件缺陷所造成的危害的恶劣程度。不同的企业采用的缺陷级别定义略有不同。通常可以考虑分为以下几个级别，如表 1-1 所述。

表 1-1 缺陷的严重级别

缺陷级别	描　述
阻塞 (Blocker)	阻碍开发 / 测试工作
致命缺陷 (Critical/Fatal)	造成系统或应用程序崩溃、死机、非法退出、中断，出现死循环、数据库死锁，或者资源严重不足，丢失数据，内存溢出，不能执行正常工作功能或重要功能等
较大缺陷 (Major)	功能或特性没有实现，主要功能部分丧失，次要功能完全丧失，或出现致命的错误声明等
普通缺陷 (Normal)	不影响系统使用，但没有很好地实现功能，未达到预期效果，可以有合理的更正办法。如打印内容格式错误，简单的输入限制未放在前台进行控制，删除操作未给出提示，数据输入没有边界值限定或边界值不合理，等等
较轻的缺陷 (Minor)	产品外观上的问题或一些不影响使用的小毛病，使操作者不方便或遇到麻烦，但它不影响执行工作或功能的实现。如辅助说明描述不清楚，显示格式不规范，系统处理未优化，长时间操作未给用户进度提示，提示窗口文字未采用行业术语，等等
改进型缺陷 (Enhancement)	对系统使用的友好性有影响，例如，名词拼写错误，界面布局或色彩问题，文档的可读性、一致性问题，等等；给出修改建议

2. 软件缺陷优先级

缺陷优先级别 (Priority) 表示修复缺陷的先后次序，一般可以用数字或字母表示。表 1-2 所示为 Bugzilla 中对缺陷级别的定义，P1 为最高优先级。

表 1-2　缺陷优先级别示例

序号	优先级	描　　述
1	P1	优先级别最高，立即修复，停止进一步测试
2	P2	次高优先级，部分功能无法继续测试，需要修复
3	P3	中等优先级，在产品发布前必须修复
4	P4	较低优先级，如果时间允许，应该修复
5	P5	最低优先级，可以修复，也可以不修复

一般地，严重程度高的缺陷被修复的优先级别高，但二者之间不存在正比关系，需要结合实际情况综合考虑。

3. 软件缺陷状态与生命周期

缺陷从开始被发现到被修复 (即该缺陷确保不会再出现) 的过程称为缺陷的生命周期。缺陷在生命周期中的阶段通过缺陷的状态 (Status) 来表征。不同的公司或缺陷管理工具通常都会有自己对缺陷阶段的定义。表 1-3 仅为一般的缺陷状态定义示例。

表 1-3　软件缺陷状态示例

序号	状态	描　　述
1	New(新提交的)	测试过程中被测试人员新发现的缺陷
2	Open(打开)	缺陷被测试人员提交给开发人员，由测试人员将其更改为 Open
3	Rejected(拒绝)	开发人员拒绝的缺陷，不需要修复或者不是缺陷
4	Duplicate(重复)	该缺陷已经被发现，被重复提交
5	Deferred(延期)	当前版本不能修复而需要延期解决的缺陷
6	Update(更新)	开发人员修复了缺陷但是还没有提交给测试人员，由开发人员将状态更改为 Update
7	Fixed(已修复)	开发人员修复并自测通过后，提交给测试人员等待验证，由开发人员将状态更改为 Fixed
8	Close(关闭)	由测试人员验证确实修改正确后，将状态改为 Close
9	Reopen(重开)	由测试人员验证仍然没有修复或者修复未达到目标，则将状态更改为 Reopen，再次提交给开发人员处理

因此，可以给出缺陷处理的一般过程，如图 1-2 所示。

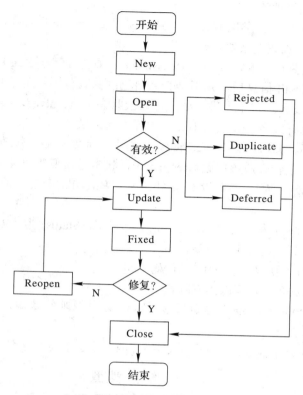

图1-2　缺陷生命周期

图 1-3 所示为缺陷管理工具 Bugzilla 5.0.2 中对缺陷生命周期的描述。

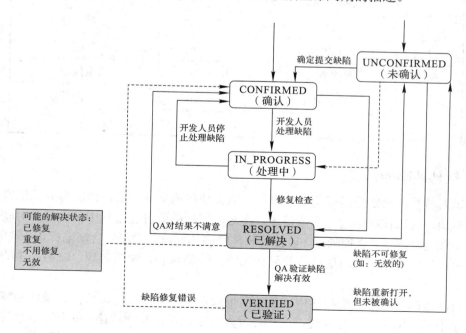

图1-3　Bugzilla中缺陷生命周期

Bugzilla 中的缺陷管理流程如下：

(1) 测试人员或开发人员发现 Bug 后，判断属于哪个模块的问题，填写 Bug 报告后，通过 Email 通知项目组长或直接通知开发者。

(2) 项目组长根据具体情况，标记为 Reassigned，重新分配给 Bug 所属的开发者。

(3) 开发者收到 Email 信息后，判断是否为自己的修改范围。若不是，重新分配给项目组长或应该分配的开发者。若是，进行处理，修改状态为 Resolved，并给出解决方法。

(4) 测试人员查询开发者已修改的 Bug，进行重新测试。

(5) 经验证无误后，修改状态为 Verified。待整个产品发布后，修改为 Closed。

(6) 若还有问题，重新开放该问题 (Reopened)，状态重新变为 "New"，并发邮件通知。

(7) 如果这个 Bug 一周内一直没有被处理过，Bugzilla 就会一直用 Email 骚扰它的 owner，直到采取行动。

(8) 测试人员查询开发者已修改的 Bug，即状态 (Status) 为 "Resolved，解决状态 (Resolution) 为 "Fixed"，进行重新测试。

(9) 经验证无误后，修改 Resolution 为 Verified。

(10) 待整个产品发布后，修改为 Closed。

若还有问题，Reopened，状态重新变为 "New"，并发邮件通知。

4. 缺陷类型

缺陷类型 (Type) 表示缺陷的自然属性，示例如表 1-4 所示。

表 1-4　缺 陷 类 型

序号	缺陷类型	序号	缺陷类型
1	基础功能未实现	6	接口问题
2	提交不完整	7	文档问题
3	功能未实现	8	性能问题
4	数据丢失或错误	9	安全问题
5	操作界面问题	10	数据库问题
......			

1.1.3　软件缺陷的描述

测试人员发现缺陷后需提交缺陷报告，需要使用简单的、准确的、专业的语言来抓住缺陷的本质，对软件缺陷进行有效描述。在对软件缺陷的管理过程中，也需要对软件缺陷的相关属性进行描述，以便处理、监控。软件缺陷的描述一般应包含缺陷标识、缺陷类型、缺陷严重程度、缺陷产生可能性、缺陷优先级、缺陷状态、缺陷起源、缺陷产生的原因等内容。

值得注意的是，在缺陷描述中，要如实记录缺陷产生的环境、条件、操作步骤等，且用词必须准确、清楚，能够复现，这样开发人员才能够修复此缺陷；每个缺陷报告只能针对一个缺陷；并且软件缺陷报告是针对产品、问题本身的，软件缺陷描述要客观，不能带有个人观点，不需要任何评价或议论。

图1-4为某公司测试人员对缺陷的报告示例。

软件产品测试问题报告

项目编号		项目名称	
测试人员		测试日期	
开发人员			
确认人员		确认日期	
模块名称	课程	功能名称	课程播放
问题编号	B-01	问题摘要	拖动播放进度条无效
问题状态	New	严重程度	较严重
问题类型	功能	优先级别	较高
测试环境	设备信息：型号【MI PAD】Android 版本【4.4.4KTUB4P】		
测试输入 （包含操作步骤）	1. 登录账户； 2. 点击我的课程； 3. 选择任意一门课程； 4. 点击任意章节，播放视频； 5. 待视频播放完毕后。拖动进度条； 6. 观察结果		
预期输出	从进度条处开始播放视频		
测试输出	点击按钮后，不能播放，停留在视频最后一秒页面		
导演情况	播放完成后，拖动视频进度条至任意位置，点击播放按钮无法播放视频		
回归测试	测试记录		测试结果
	测试人	测试时间	
最后测试结果			

图1-4　软件缺陷描述示例

1.2　软件测试的概念

软件测试的概念起源于20世纪70年代中期。1972年在美国的北卡罗来纳大学组织了历史上第一次正式的关于软件测试的会议。1973年首先给出软件测试的定义：测试就是建立一种信心，确信程序能够按期望的设想进行。1983年修改为：评价一个程序和系统的特性或能力，并确定它是否达到期望的结果，软件测试就是以此为目的的任何行为。

软件测试过程的终极目标是将软件的所有功能在所有设计规定的环境中全部运行并通过，并确认这些功能的适合性和正确性，这是一种使自己确信产品能够工作的正向思维方法。

Glen Ford Myers 认为测试不应该着眼于验证软件是工作的，将验证软件是可以正常工作的作为测试目的，非常不利于测试人员发现软件中的缺陷，相反应该首先认定软件是有错误的，然后用逆向思维去发现尽可能多的缺陷。1979年，Glen Ford Myers 发表了《软件测试的艺术》，给出软件测试的定义：测试是为发现错误而执行一个程序或者系统的过程，即

- 测试是为了证明程序有错，而不是证明程序无错误。
- 一个好的测试用例在于它能发现以前未发现的错误。
- 一个成功的测试是发现了以前未发现的错误的测试。

IEEE 给出的定义是：测试是使用人工和自动手段来运行或检测某个系统的过程，其目的在于检验系统是否满足规定的需求或弄清预期结果与实际结果之间的差别。

以上定义，我们可以认为是一种狭义的软件测试的定义。

20 世纪 80 年代早期，软件行业开始逐渐关注软件产品质量，并在公司建立软件质量保证部门 QA 或 SQA。软件测试定义发生了改变，广义的测试，将质量的概念融入其中，测试不单纯是一个发现错误的过程，而且将测试作为软件质量保证 (SQA) 的主要职能，包含软件质量评价的内容。Bill Hetzel 在《软件测试完全指南》(Complete Guide of Software Testing) 一书中指出：测试是以评价一个程序或者系统属性为目标的任何一种活动。

广义的测试涵盖了验证 (Verification) 和确认 (Validation) 两个概念：

(1) 验证，即检验软件是否已正确地实现了产品规格书所定义的系统功能和特性，通过检查和提供客观证据来证实指定的需求是否满足。

(2) 确认，即通过检查和提供客观证据来证实特定目的的功能或应用是否已经实现，一般是由客户或代表客户的人执行，主要通过各种软件评审活动来实现。

GBT 15532—2008《计算机软件测试规范》中明确规定软件测试的目的是：

(1) 验证软件是否满足软件开发合同或项目开发计划、系统 / 子系统设计文档、软件需求规格说明书、软件设计说明和软件产品说明等规定的软件质量要求。

(2) 通过测试，发现软件缺陷。

(3) 为软件产品的质量测量和评价提供依据。

因此，软件测试更为普遍的定义是：

(1) 软件测试是使用人工或者自动的手段检测 (包括验证和确认) 一个被测系统或部件的过程，其目的是检查系统的实际结果与预期结果是否保持一致，或者是否与用户的真正使用要求 (需求) 保持一致。

(2) 软件测试是根据软件开发各阶段的规格说明和程序的内部结构而精心设计的一批测试用例，并利用这些测试用例运行程序以及发现错误的过程，即执行测试步骤。它是软件质量保证的关键步骤。

1.3 软件测试基本原则

在软件测试工作中应当遵守的经验与原则如下：

(1) 所有测试的标准都是建立在用户需求之上的，测试的目的在于发现系统是否满足规定的需求。

(2) 应当把"尽早地和不断地测试"作为软件开发者的座右铭，越早进行测试，缺陷的修复成本就会越低。

(3) 程序员应避免检查自己的程序，由第三方进行测试会更客观，更有效。

(4) 充分注意测试中的群集现象。一段程序中已发现的错误数越多，其中存在的错误概率也就越大，因此对发现错误较多的程序段，应进行更深入的测试。

(5) 设计测试用例时，应包括合理的输入和不合理的输入，以及各种边界条件，特殊情况下要制造极端状态和意外状态。

(6) 穷举测试是不可能的。

(7) 注意回归测试的关联性，往往修改一个错误会引起更多错误。

(8) 测试应从"小规模"开始，逐步转向"大规模"。

(9) 测试用例是设计出来的，不是写出来的，应根据测试的目的，采用相应的方法去设计测试用例，从而提高测试的效率，更多地发现错误，提高程序的可靠性。

(10) 重视并妥善保存一切测试过程文档 (测试计划、测试用例、测试报告等)。

(11) 对测试错误结果一定要有一个确认过程。

后续的章节将不同程度地遵循这些软件测试原则，此处不再详细讨论。

1.4　软件测试用例

软件测试是有组织性、步骤性和计划性的活动。为了降低软件质量风险，提高软件测试活动质量，软件测试活动实施时必须创建和维护测试用例 (Test Case)。

测试用例是测试工作的指导，好的测试用例，可以最少的人力、资源投入，避免盲目测试并提高测试效率，减少测试的不完全性，在最短的时间内完成测试，发现软件系统的缺陷，保证软件的优良品质。

一个测试项用来指定一系列情景和每个情景中的输入、预期结果和一组执行条件，而对软件的正确性进行判断的文档，称为测试用例。测试用例就是对软件测试的行为活动做一个科学化的组织归纳。

测试用例的组成元素通常包括以下内容：

• 测试用例编号 ID，这是用例的唯一标识，可以分级表示产品或项目的名称、用例属性、测试子项、测试用例序号等信息。

• 测试用例标题，即用例名称。

• 测试项，作为测试对象的软件项。

• 测试依据，说明测试所依据的内容来源。如系统测试依据的是用户需求，配置项测试依据的是软件需求，集成测试和单元测试依据的是软件设计。

• 测试说明，简要描述测试的对象、目的和所采用的测试方法。

• 测试预制条件或环境，即测试的初始化要求，包括硬件配置、软件环境、测试配置、参数设置等。

• 测试输入，或者称为测试数据，指在测试用例执行中发送给被测试对象的所有测试命令、数据和信号等。

• 测试步骤，即实施测试用例的操作过程，是一系列按照执行顺序排列的相对独立的步骤。

● 期望的输出结果，说明测试用例执行中由被测软件所产生的期望的测试结果。期望测试结果应该有具体内容，如确定的数值、状态或信号等，不应是不确切的概念或笼统的描述。

● 实际输出结果，即执行测试用例后所产生的实际测试结果。根据每个测试用例的期望测试结果、实际测试结果和评价准则判定该测试用例是否通过。

● 其它说明，即执行该测试用例的其他特殊要求和约束。

通常，可以用测试用例表来记录上述信息，如表 1-5 所示。

表 1-5　测试用例示例

测试项			项目名称				
测试依据							
测试方法							
测试环境							
前置条件							
用例设计人员 / 设计日期		用例执行人员 / 执行日期			审核人员 / 审核日期		
用例编号	用例说明	输入 / 操作步骤		预期结果	实际结果	结论 (P/F)	备注
其他说明							

1.5　软件测试流程

软件测试是一个极为复杂的过程，如图 1-5 所示，一个规范化的软件测试流程通常包括以下基本的测试活动：

(1) 获取测试需求，测试分析人员根据测试合同和被测软件开发文档，包括需求规格说明书、设计文档等，获取软件测试需求，确定被测软件的特性，明确测试对象与范围，了解用户具体需求，编制测试需求文档。

(2) 编写测试计划，从宏观上反映项目的测试任务、测试阶段、资源需求等，对测试全过程的组织、资源、原则等进行规定和约束，并制订测试全过程各个阶段的任务以及时间进度安排，提出对各项任务的评估、风险分析和需求管理。

(3) 测试计划评审，评审测试的范围和内容、资源、进度、各方责任等是否明确，对风险的分析、评估与对策是否准确可行，测试文档是否符合规范，测试活动是否独立等。

(4) 制定测试方案，从技术的角度对一次测试活动进行规划，它描述需要测试的特性、测试的方法、测试环境的规划、测试工具的设计和选择、测试用例的设计方法、测试代码的设计方案等。

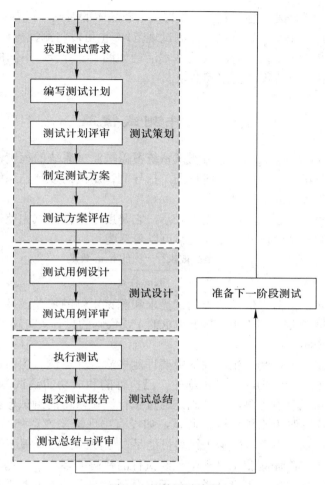

图1-5　软件测试流程

(5) 测试方案评审，即评审测试方法是否合理、有效和可行。

(6) 测试用例设计，即测试人员进行测试脚本的开发，或者是进行测试用例的设计。通过测试数据的准备，进行测试用例的开发与设计，便于组织与控制测试流程。

(7) 测试用例评审，即评审测试用例是否正确、可行和充分，测试环境是否正确、合理，测试文档是否符合规范。

(8) 执行测试，即测试人员执行所规定的测试项目和内容。在执行过程中，测试人员应认真观察并如实地记录测试过程、测试结果和发现的差错，认真填写测试记录。

(9) 提交测试报告，在执行测试脚本或测试用例后，找出与预期结果不相符合的问题，填写缺陷提交报告，对产品的全部缺陷加以统计、分析，提交测试报告给测试管理人员与相关开发人员。

(10) 测试总结与评审，当整个测试过程结束后，要对测试执行活动、测试报告、测试记录和测试问题报告等进行评审、总结，评审测试执行活动的有效性、测试结果的正确性和合理性，评审是否达到了测试目的、测试文档是否符合要求等。当测试活动由独立的测试机构实施时，评审由软件测试机构组织，软件需方、供方和有关专家参加。

(11) 准备下一阶段测试，当一个产品即将发布新版本的时候，准备新的测试过程。

根据 GBT 15532—2008《计算机软件测试规范》，也可以将测试流程划分为测试策划、测试设计、测试总结三大阶段，各阶段的基本活动如图 1-5 所示。不同的公司流程要求略有不同，也会出现各种对流程的把控和要求。

1.6 软件测试覆盖

测试覆盖 (Testing Coverage)，是指测试系统覆盖被测试系统的程度，即测试的完全程度如何。测试覆盖策略陈述测试的一般目的，指导测试用例的设计。系统的测试活动建立在至少一个测试覆盖策略的基础上。

通常用测试覆盖率或测试覆盖准则来表示，它是度量软件测试完整性的重要手段，也是测试技术有效性的一种度量方式。覆盖率可以表示为

$$覆盖率 = \frac{至少被执行一次的 item 数量}{item 总数}$$

目前最常用的测试覆盖评价是基于测试需求和测试用例的覆盖或基于已执行代码的覆盖。简而言之，测试覆盖是就需求 (基于需求的) 或代码的设计 / 实施标准 (基于代码的) 而言的完全程度的评测。

基于需求的测试覆盖在测试生命周期中要评测多次，并在测试生命周期的里程碑处提供测试覆盖的标识 (如已计划的、已实施的、已执行的和成功的测试覆盖)。在执行测试活动中，使用两个测试覆盖评测，一个确定通过执行测试获得的测试覆盖，另一个确定成功的测试覆盖 (即执行时未出现失败的测试，如没有出现缺陷或意外结果的测试)。如果需求已经完全分类，则基于需求的覆盖策略可能足以生成测试完全程度的可计量评测。

基于代码的测试覆盖评测测试过程中已经执行的代码的多少，与之相对的是要执行的剩余代码的多少。这种测试覆盖策略类型对于安全至上的系统来说非常重要。代码覆盖可以建立在控制流 (语句、分支或路径) 或数据流的基础上。控制流覆盖的目的是测试代码行、分支条件、代码中的路径或软件控制流的其他元素。数据流覆盖的目的是通过软件操作测试数据状态是否有效，例如，数据元素在使用之前是否已作定义。

为了评测测试用例测试软件的程度，会用一种或多种不同的覆盖率准则。以下介绍一些常用的基本覆盖率准则。

1. 逻辑覆盖率 (Logical Coverage)

逻辑覆盖率也叫代码覆盖率 (Code Coverage) 或结构化覆盖，属于白盒测试的范畴，主要包括：

(1) 语句覆盖率 (Statement Coverage)：用于表示是否测试到程序中的每一条可执行语句。若用控制流图 (Control Flow Graph) 表示程序，则语句覆盖率表示是否执行到控制流图中的每一个节点。

$$语句覆盖率 = \frac{至少被执行一次的可执行语句的数量}{可执行语句的总数}$$

语句覆盖是逻辑覆盖中最简单的覆盖。从度量的角度看，几乎对所有代码达到 100%

的语句覆盖率是现实的；但它并不是测试完整性方面的一个好的度量。

(2) 判断 / 分支覆盖率 (Decision/Branch Coverage)：用于表示是否执行到逻辑运算式成立及不成立的情形。若用控制流图表示，则判断 / 分支覆盖率表示是否执行到控制流图中的每一个边。

$$判定 / 分支覆盖率 = \frac{判定结果被评价的次数}{判定结果的总数}$$

(3) 条件覆盖率 (Condition Coverage)：也称为谓词覆盖 (Predicate Coverage)，用于表示每一个逻辑运算式中的每一个条件 (无法再分解的逻辑运算式) 是否都有执行到成立及不成立的情形。条件覆盖率成立不表示判断/分支覆盖率一定成立。

$$条件覆盖率 = \frac{条件操作数值被至少执行一次的数量}{条件操作数值的总数}$$

(4) 条件 / 判断覆盖率 (Condition/Decision Coverage)：表示需同时满足判断覆盖率和条件覆盖率。

$$条件 / 判断覆盖率 = \frac{条件操作数值或判定结果至少被评价一次的数量}{条件操作数值总数 + 判定结果总数}$$

(5) 路径覆盖率 (Path Coverage)：表示是否执行过程序中所有可能的路径。遇到复杂程序，如循环嵌套次数多的时候，完全路径覆盖是很困难的。

$$路径覆盖率 = \frac{至少被执行一次的路径数}{总的路径数}$$

(6) 函数覆盖率 (Function Coverage)：表示是否测试到程序中的每一个函数。

$$函数覆盖率 = \frac{至少被执行到一次的函数数量}{系统中函数的总数}$$

(7) 进入点 / 结束点覆盖率 (Entry/Exit Coverage)：表示是否执行过函数中所有可能的进入点及结束点。

(8) 循环覆盖率 (Loop Coverage)：表示所有循环是否都有执行过零次、一次及一次以上的测试。

(9) 参数值覆盖率 (Parameter Value Coverage)：表示对于一个方法的所有参数，是否执行过其中最常见的数值。

(10) JCSAJ 覆盖率：表示是否执行过每一个 JCSAJ(线性代码序列和跳转)。

(11) JJ 路径覆盖率 (JJ-Path Coverage)：表示是否执行过每一个 JJ 路径 (从跳转到跳转之间的路径，也就是 JCSAJ)。

2. 功能覆盖率 (Function Coverage)

功能覆盖率属于黑盒测试范畴，包括：

(1) 需求覆盖率：需求被测试的程度。

$$需求覆盖率 = \frac{被验证到的需求数量}{总的需求数量}$$

(2) 接口覆盖 / 入口点覆盖：是否系统的每个接口被测试到。

3. 面向对象的覆盖率

(1) 继承上下文判定覆盖率 (Inheritance Context Coverage)：用于表示上下文内执行到的判定分支数据量占程序内判定的总数的百分比。基类的方法在其上下文空间中的执行是完全独立于基继承类的上下文空间的；继承类的方法在其上下文空间中的执行也独立于其基类的上下文空间。

$$继承上下文判定覆盖率 = \frac{累加每个上下文内执行到的判定分支数}{上下文数 + 上下文内的判定分支总数}$$

(2) 基于状态的上下文入口点覆盖率 (State-Based Context Coverage)：用于表示对应于被测类对象的潜在状态，考虑有状态依赖行为的类。

$$基于状态的上下文入口点覆盖率 = \frac{累加每个状态内执行到的方法数}{状态数 * 类内方法总数}$$

(3) 已定义用户上下文覆盖率 (User-Defined Context Coverage)：用于表示基于线程的上下文覆盖，应用到维护每个线程的独立的覆盖率。

要求安全性高的关键应用一般会要求某种特定的覆盖率达到100%。但是，需要注意的是测试用例的设计不能一味追求覆盖率，高的覆盖率会增加测试成本。覆盖率不是目的，只是一种手段，不能考虑所有覆盖率的指标，也不能只考虑一种覆盖率的指标；测试人员应尽可能地设计提高覆盖率的用例。

1.7 软件测试层次

软件测试层次又称测试级别或测试阶段，是按照软件开发阶段划分的，其目的是为了明确不同阶段的测试目的和测试任务。软件测试层次可以分为单元测试、集成测试、确认测试、系统测试、验收测试等。

1. 单元测试

单元测试又称模块测试，是针对软件设计的最小单位——程序模块进行正确性检验的测试工作，其目的在于检查每个程序单元能否正确实现详细设计说明中的模块功能、性能、接口和设计约束等要求，发现各模块内部可能存在的各种错误。单元测试需要从程序的内部结构出发设计测试用例。系统内多个模块可以并行地独立进行单元测试。

单元测试的任务主要包括：

(1) 模块接口测试；

(2) 模块局部数据结构测试；

(3) 模块边界条件测试；

(4) 模块中所有独立执行通路测试；

(5) 模块的各条错误处理通路测试。

一般认为单元测试应紧接在编码之后，当源程序编制完成并通过复审和编译检查后，便可开始单元测试。测试用例的设计应与复审工作相结合，根据设计信息选取测试数据，在确定测试用例的同时，应给出期望结果。

通常还需要为单元测试模块开发一个驱动模块 (Driver) 和 (或) 若干个桩模块 (Stub)。

驱动模块和桩模块是测试使用的软件，而不是软件产品的组成部分，但它需要一定的开发费用。

2. 集成测试

集成测试也叫做组装测试。通常在单元测试的基础上，按设计要求将通过单元测试的程序模块进行有序的、递增的测试。集成测试是检验程序单元或部件的接口关系，逐步集成为符合概要设计要求的程序部件或整个系统。

集成测试有非增量式和增量式两种集成策略。把所有模块按设计要求一次全部组装起来，然后进行整体测试，称为非增量式集成。这种方法定位和纠正错误非常困难。与之相反的是增量式集成方法，程序一段一段地扩展，测试的范围一步一步地增大，错误易于定位和纠正，界面的测试亦可做到完全彻底。增量式集成又分自顶向下、自底向上和混合式集成等方法。

- 自顶向下集成测试从主控模块开始，按照软件的控制层次结构，以深度优先或广度优先的策略，逐步把各个模块集成在一起进行测试。自顶向下集成的优点在于能尽早地对程序的主要控制和决策机制进行测试，因此可较早地发现错误。缺点是在测试较高层模块时，低层处理采用桩模块替代，不能反映真实情况，重要数据不能及时回送到上层模块，因此测试并不充分。

- 自底向上测试是从"原子"模块(即软件结构最低层的模块)开始组装测试，因测试到较高层模块时，所需的下层模块功能均已具备，所以不再需要桩模块。

- 自底向上集成方法不用桩模块，测试用例的设计亦相对简单，但缺点是程序最后一个模块加入时才具有整体形象。它与自顶向下集成测试方法的优缺点正好相反。因此，在测试软件系统时，应根据软件的特点和工程的进度，选用适当的测试策略，有时混合使用两种策略更为有效，上层模块用自顶向下的方法，下层模块用自底向上的方法。

软件集成的过程是一个持续的过程，会形成很多个临时版本，在不断的集成过程中，功能集成的稳定性是真正的挑战。在每个版本提交时，都需要进行冒烟测试，即对程序主要功能进行验证。冒烟测试也叫版本验证测试、提交测试。

3. 确认测试

确认测试是通过检验和提供客观证据，证实软件是否满足特定预期用途的需求。确认测试用来检测与证实软件是否满足软件需求说明书中规定的要求。

4. 系统测试

系统测试是为验证和确认系统是否达到其原始目标，而对集成的硬件和软件系统进行的测试。系统测试用于在真实或模拟系统运行的环境下，检查完整的程序系统能否和系统(包括硬件、外设、网络和系统软件、支持平台等)正确配置、连接，并满足用户需求。

系统测试应该由若干个不同测试组成，目的是充分运行系统，验证系统各部件是否都能正常工作并完成所赋予的任务。

5. 验收测试

验收测试是指按照项目任务书或合同、供需双方约定的验收依据文档进行的对整个系统的测试与评审，以决定是否接收或拒收系统。

1.8 软件测试分类

软件测试分类，可按照软件开发的阶段、技术、测试实施组织和软件工程的发展历史阶段等来进行划分。

(1) 按照软件工程的发展历史与发展阶段来划分，软件测试可以划分为：基于过程的软件测试 (即传统的软件测试)、基于对象的软件测试和基于构件的软件测试三类。

(2) 按照软件的开发阶段划分，一般可划分为单元测试、集成测试、系统测试、确认测试和验收测试。

(3) 按照测试实施组织划分，可分为开发方测试、用户测试 (β 测试)、第三方测试。

开发方测试：又称"验证测试"或"α 测试"。开发方在软件开发环境下，通过检测和提供客观证据，证实软件的实现是否满足规定的需求，可以和软件的"系统测试"一并进行。

用户测试：又称"β 测试"。软件开发商有计划地免费将软件分发到目标用户市场，在实际应用环境下，用户通过运行和使用软件找出软件使用过程中发现的软件缺陷与问题，检测与核实软件实现是否符合用户的预期要求，并把信息反馈给开发者。

第三方测试：又称"独立测试"。这是介于软件开发方和用户方之间的测试组织的测试。软件第三方测试也就是由在技术、管理和财务上与开发方和用户方相对独立的组织进行的软件测试。一般情况下是在模拟用户真实应用环境下进行软件确认测试。

(4) 按照软件特性划分，可以划分为功能测试和性能测试。

功能测试检查实际软件的功能是否符合用户的需求。一般分为逻辑功能测试、界面测试、易用性测试、安装测试、兼容性测试等。

性能测试包括很多方面，如响应时间、可靠性、负载能力、压力等。

(5) 按照软件的测试技术划分，可分为静态测试和动态测试，如图 1-6 所示。静态测试强调不运行程序，通过人工对程序和文档进行分析与检查；静态测试实际上是对软件中的需求说明书、设计说明书、程序源代码等进行评审；动态测试是指通过人工或使用工具运行程序进行检查，分析程序的执行状态和程序的外部表现。

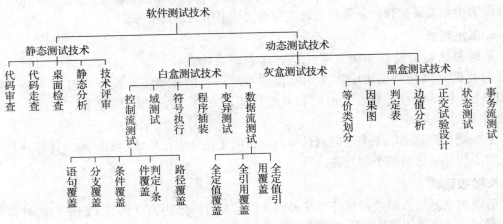

图1-6 软件测试技术的分类

白盒测试：又称结构测试。白盒测试可以把程序看成装在一个透明的白盒子里，也就是清楚了解程序结构和处理过程，检查是否所有的结构及路径都是正确的，检查软件内部动作是否按照设计说明的规定正常进行。

黑盒测试：把测试对象看成一个黑盒子，完全不考虑程序内部结构和处理过程所进行的测试。通常在程序界面处进行测试，它只是检查程序或软件是否按照需求规格说明书的规定正常运行。

灰盒测试：介于白盒测试与黑盒测试之间的测试。灰盒测试关注输出对于输入的正确性；同时也关注内部表现，但这种关注不像白盒测试那样详细、完整。灰盒测试结合了白盒测试和黑盒测试的要素。

软件测试方法和技术的分类与软件开发过程紧密相关，它贯穿了整个软件生命周期。走查、技术评审、单元测试、集成测试、系统测试等应用于整个开发过程中的不同阶段。开发文档和源程序可以采用技术评审或走查的方法；单元测试可采用白盒测试方法；集成测试可采用灰盒测试方法；而系统测试和确认测试主要采用黑盒测试方法。

1.9 测试人员要求

软件的质量不是靠测试测出来的，而是靠产品开发团队所有成员（需求分析工程师、系统设计工程师、程序员、测试工程师、技术支持工程师等）的共同努力来获得的。

软件测试团队不仅仅是指被分配到某个测试项目中工作的一组人员，还指一组互相依赖的人员齐心协力进行工作，以实现项目的测试目标。软件测试团队的基本职责主要有：

(1) 尽早地发现软件产品中的尽可能多的缺陷；

(2) 督促和帮助开发人员尽快解决产品中的缺陷；

(3) 协助项目管理人员制定合理的开发计划和项目测试计划；

(4) 对缺陷进行跟踪、分析和总结，以便项目经理和相关人员能够及时清楚了解产品当前的质量状态；

(5) 评估软件产品的当前质量状态，以评估是否达到发布水平；

(6) 培养测试工程师的测试技能。

要使这些测试工程师发展成为一个有效协作的团队，既要有测试项目经理的努力，也需要软件测试团队中每位测试工程师的付出。测试项目团队工作是否有效将决定软件测试的成败。尽管要有计划且需要项目管理技能，但项目中的每个人员才是项目成功的关键。软件项目的测试需要一个有效的团队。有效的软件测试项目团队具有以下特征：

- 对软件项目的测试目标有清晰的理解；
- 对每位测试工程师的角色和职责有明确的期望；
- 以目标为导向；
- 进行高度的互助合作；
- 有高度的信任。

在测试过程中对测试工程师进行鼓励和培养，使个人的技能、素养、行业领域知识等得到加强。优秀的测试工程师应具备以下四个方面的能力和素养：

1) 计算机专业技能

计算机领域的专业技能是测试工程师必备的一项素质，是做好测试工作的前提条件。计算机专业技能主要包含三个方面：

一是测试专业技能。测试专业技能涉及的范围很广：既包括黑盒测试、白盒测试、测试用例设计等基础测试技术，又包括单元测试、功能测试、集成测试、系统测试、性能测试等测试方法，还包括基础的测试流程管理、缺陷管理、自动化测试技术等知识。

二是软件编程技能。只有有编程技能的测试工程师，才可以胜任诸如单元测试、集成测试、性能测试等难度较大的测试工作。

三是掌握网络、操作系统、数据库、中间件等计算机基础知识。与开发人员相比，测试人员掌握的知识具有"博而不精"的特点。如在网络方面，测试人员应该掌握基本的网络协议以及网络工作原理，尤其要掌握一些网络环境的配置，这些都是测试工作中经常遇到的知识；操作系统和中间件方面，应该掌握基本的使用以及安装、配置等；在数据库方面，至少应该掌握 MySQL、MS SQL Server、Oracle 等常见数据库的使用。

2) 行业领域知识

行业主要指测试人员所在企业涉及的领域，例如很多 IT 企业从事石油、电信、银行、电子政务、电子商务等行业领域的产品开发。行业知识即行业领域知识，是测试人员做好测试工作的又一个前提条件，只有深入地了解了产品的业务流程，才可以判断出开发人员实现的产品功能是否正确。行业知识与工作经验有一定关系，通过时间即可以完成积累。

3) 个人素养

测试工作很多时候都显得有些枯燥，只有热爱测试工作，才更容易做好测试工作。因此首先要对测试工作有兴趣，然后对测试保持适度的好奇心（在按时完成开发测试执行所需的测试包和充满激情地编写灵活高效的测试用例之间取得平衡），最后应是一个专业悲观主义者（测试人员应该把精力集中放在缺陷的查找上，即发现项目的阴暗面），此外还应该具有以下一些基本的个人素养：

(1) 专心：主要指测试人员在执行测试任务的时候要专心，不可一心二用。经验表明，高度集中精神不但能够提高效率，还能发现更多的软件缺陷。

(2) 细心：主要指执行测试工作时要细心，认真执行测试，不可以忽略一些细节。某些缺陷如果不细心很难发现，例如一些界面的样式、文字等。

(3) 耐心：很多测试工作有时候显得非常枯燥，需要很大的耐心才可以做好。如果比较浮躁，就不会做到"专心"和"细心"，这将让很多软件缺陷从你眼前逃过。

(4) 责任心：责任心是做好工作必备的素质之一，测试工程师更应该将其发扬光大。如果测试中没有尽到责任，甚至敷衍了事，就将会把测试工作交给用户来完成，这样很可能引起非常严重的后果。

(5) 自信心：自信心是现在多数测试工程师都缺少的一项素质，尤其在面对需要编写测试代码等工作的时候，往往认为自己做不到。要想获得更好的职业发展，测试工程师应该努力学习，建立能"解决一切测试问题"的信心。

4) 团队协作能力

测试人员不但要具有良好的团队合作能力，不仅要与测试组的人员、开发人员、技术支持等产品研发人员有良好的沟通和协作能力，而且应该学会宽容待人，学会去理解开发人员，同时要尊重开发人员的劳动成果——开发出来的产品。

思　考　题

1. 什么是软件失效？

2. 软件缺陷产生的原因主要有哪些方面？

3. 什么是测试用例？测试用例一般应该包括些什么内容？

4. 用自己的话叙述什么是软件测试，其目标是什么？

5. 缺陷严重程度和优先级别一定成正比吗？为什么？

6. 什么是兼容性测试？兼容性测试侧重哪些方面？

7. 软件测试应遵循哪些基本原则？

8. 语句的覆盖率主要在哪个测试级别的测试设计中考虑？

9. 目前大部分的软件错误主要来源于哪里？

10. 作为一个软件测试员，应具备哪些能力？

11. 为什么软件测试不能保证产品质量？

12. 测试与调试有哪些区别？

第2章 软件测试方法

 本章学习目标：

☞ 了解测试方法分类；
☞ 掌握并应用黑盒测试方法设计测试用例；
☞ 掌握并应用白盒测试方法设计测试用例；
☞ 灵活使用各种测试方法。

软件测试的方法和技术是多种多样的。对于软件测试技术，可以从不同的角度加以分类：

从是否需要执行被测软件的角度，可分为静态测试和动态测试。静态测试是指不实际运行被测软件，而只是通过人工静态地检查程序代码、界面或文档中可能存在错误的过程，包括测试代码是否符合相应的标准和规范，测试软件的实际界面与需求中的说明是否相符，测试用户手册和需求说明是否真正符合用户的实际需求等。静态测试技术又称为静态分析技术，包括走查、符号执行、需求确认等。动态测试指通过人工或使用工具实际运行被测程序，输入相应的测试数据，检查实际输出结果和预期结果是否相符，分析程序的执行状态和程序的外部表现的过程。所以判断一个测试属于动态测试还是静态测试，唯一的标准就是看是否运行程序。

从测试是否针对系统的内部结构和具体实现算法的角度来看，可分为白盒测试和黑盒测试，在实现测试方法上既包括了动态测试也包括了静态测试。

软件测试方法和技术的分类与软件开发过程相关联，它贯穿了整个软件生命周期。代码走查、单元测试、集成测试、系统测试用于整个开发过程中的不同阶段。开发文档和源程序可以应用单元测试，应用走查的方法；单元测试可应用白盒测试方法；集成测试应用近似灰盒测试方法；而系统测试和确认测试应用黑盒测试方法。

2.1 黑 盒 测 试

黑盒测试也称功能测试或数据驱动测试。通过软件的外部表现来发现其缺陷和错误。在测试时，把被测程序视为一个不能打开的黑盒子，在完全不考虑程序内部逻辑结构和内部特性的情况下进行。它是在已知产品所应具有的功能前提下，通过测试来检测每个功能是否都能正常使用，测试者在程序接口进行测试，它只检查程序功能是否按照需求规格说明书的规定正常使用，程序是否能适当地接收输入数锯而产生正确的输出信息，并且保持外部信息(如数据库或文件)的完整性。

黑盒测试方法主要有等价类划分、边值分析、因果图、错误推测等，着眼于程序外部结构、不考虑内部逻辑结构，针对软件界面和软件功能进行测试。黑盒测试主要用于软件确认测试。

2.1.1 等价类划分

1. 等价类划分的定义

黑盒测试是穷举输入测试，只有把所有可能的输入都作为测试情况使用，才能以这种方法查出程序中所有的错误。实际上测试情况有无穷多个，人们不仅要测试所有合法的输入，而且还要对那些不合法但是可能的输入进行测试。在测试时，既要考虑到测试的效果，又要考虑到软件测试的经济性，为此引入了等价类的思想，即在有限的测试资源的情况下，用少量有代表性的数据得到比较好的测试效果。

等价类测试是把所有可能的输入数据，即程序的输入域划分成若干部分(子集)，然后从每一个子集中选取少数具有代表性的数据作为测试用例。它是一种重要的，常用的黑盒测试用例设计方法，适用范围非常广，可以适用于单元测试、集成测试、系统测试等，且很容易扩展。

等价类划分是根据需求将输入定义域进行一个划分，并且划分的各个子集是由等价关系决定的。采用等价类划分可保证某种程度的完备性，并减少冗余。等价关系是指在子集合中，各个输入数据对于揭露程序中的错误都是等效的，即从等价类中选出一个测试用例，如果这个测试用例测试通过，则认为其所代表的等价类均测试通过，这样就可以用较少的测试用例达到尽量多的功能覆盖，解决了不能穷举测试的问题。

等价类划分有两种不同的情况：有效等价类和无效等价类。在设计测试用例时，要同时考虑这两种等价类。软件不仅要能接收合理的数据，也要能经受意外的考验，这样的测试才能确保软件具有更高的可靠性。

有效等价类是指对于需求规格说明来说是合理的、有意义的输入数据构成的集合。利用有效等价类可检验程序是否实现了规格说明中所规定的功能和性能。

无效等价类是指对需求规格说明是不合理的、无意义的或不满足需求的输入数据所构成的集合。对于具体的问题，无效等价类至少应有一个，也可能有多个。

2. 等价类划分的原则

划分等价类要保证测试完备、避免冗余，即集合的划分为互不相交的一组子集，而子集的并是整个集合。因此，常用的等价类划分原则有：

• 如果某个输入条件规定了取值范围或值的个数。则可确定一个合理的等价类(输入值或数在此范围内)和两个不合理的等价类(输入值或个数小于这个范围的最小值或大于这个范围的最大值)。

• 如果规定了输入数据的一组值，而且程序对不同的输入值做不同的处理，则每个允许输入值是一个合理的等价类，此处还有一个不合理的等价类，即任何一个不允许的输入值。

• 如果规定了输入数据必须遵循的规则，可确定一个合理等价类(符合规则)和若干个不合理等价类(从各种不同角度违反规则)。

● 如果输入是布尔表达式，可以分为一个有效等价类和一个无效等价类。

● 如果已划分的等价类中各元素在程序中的处理方式不同，则应将此等价类进一步划分为更小的等价类。

● 等价类划分还应特别注意默认值、空值、Null、0 等的情形。

3. 等价类划分方法的测试步骤

等价类测试的一般步骤如下：

(1) 根据输入条件或输出条件划分等价类；

(2) 为每一个等价类编号，可建立等价类表，如表 2-1 所示；

表 2-1 等 价 类 表

输入	有效等价类	无效等价类

(3) 设计一个测试用例，使其尽可能多地覆盖尚未被覆盖过的合理等价类，重复这步，直到所有合理等价类被测试用例覆盖；

(4) 设计一个测试用例，使其只覆盖一个不合理等价类，重复这步，直到所有不合理等价类被测试用例覆盖。

【例】电话号码测试。某城市电话号码由三部分组成，分别是：

地区码—— 空白或 4 位数字；

前　缀—— 为三位数字，但不能为"0"和"1"；

后　缀—— 4 位数字。

假定被测程序能接受一切符合上述规定的电话号码，拒绝所有不符合规定的电话号码。请用等价类方法进行测试，设计测试用例。

首先根据输入条件，划分出有效等价类和无效等价类，如表 2-2 所示。

表 2-2 电话号码等价类

输入条件	有效等价类	编号	无效等价类	编号
地区码	空白	1	有非数字字符	5
	四位数	2	少于 4 位数字	6
			多于 4 位数字	7
前缀	200–999	3	有非数字字符	8
			起始位为"0"	9
			起始位为"1"	10
			少于 3 位数字	11
			多于 3 位数字	12
后缀	4 位数字	4	有非数字字符	13
			少于 4 位数字	14
			多于 4 位数字	15

然后根据等价类表，设计测试用例，覆盖所有的有效等价类和无效等价类，如表 2-3 所示。

表2-3 电话号码测试用例

测试用例编号	输入数据			预期结果	覆盖等价类
	地区码	前缀	后缀		
1	空白	523	6678	接受	1，3，4
2	0816	678	4567	接受	2，3，4
3	B123	523	4567	拒绝	5
4	22	345	4567	拒绝	6
5	23467	345	4567	拒绝	7
6	0816	A67	4567	拒绝	8
7	1234	012	4567	拒绝	9
8	1234	101	4567	拒绝	10
9	1234	45	4567	拒绝	11
10	1234	2234	4567	拒绝	12
11	1234	234	B123	拒绝	13
12	1234	234	23	拒绝	14
13	1234	234	23456	拒绝	15

2.1.2 边界值分析

人们从长期的测试工作经验得知，大量的错误是发生在定义域或值域（输出）的边界上，而不是在其内部。因此在设计测试用例时，常常将等价类划分方法与边界值分析方法结合起来。边界值分析是将测试边界情况作为重点目标，选取正好等于、刚刚大于或刚刚小于边界的值以及域范围内的任意值作为测试数据。

边界条件可以在产品说明书中定义或者在使用软件过程中确定。某些边界条件是不需要呈现给用户的，或者说用户是很难注意到的，但同时确实属于检验范畴内的边界条件，称为内部边界条件或次边界条件。常见的边界条件有下述三种：

(1) 数值的边界值。计算机是基于二进制进行工作的，因此，软件的任何数值运算都有一定的范围限制。比如一个字节由8位组成，一个字节所能表达的数值范围是[0，255]。表2-4列出了计算机中常用数值的范围。

表2-4 二进制数值的边界

术语	范围或值
bit(位)	0 或 1
byte(字节)	0～255
word(字)	0～65 535(单字) 或 0～4 294 967 295(双字)
K(千)	1024
M(兆)	1 048 576
G(千兆)	1 073 741 824

(2) 字符的边界值。在计算机软件中，字符也是很重要的表示元素。其中 ASCII 和 Unicode 是常见的编码方式。表 2-5 中列出了一些常用字符对应的 ASCII 码值。如果要测试文本输入或文本转换的软件，在定义数据区间包含哪些值时，就可以参考一下 ASCII 码表，找出隐含的边界条件。

表 2-5 部分 ASCII 码值表

字 符	ASCII 码值	字 符	ASCII 码值
Null（空）	0	A	65
Space（空格）	32	a	97
/（斜杠）	47	Z	90
0（零）	48	z	122
:（冒号）	58	'（单引号）	96
@	64	{（大括号）	123

(3) 其它边界条件。还有一些边界条件容易被人们忽略，比如在文本框中不是没有输入正确的信息，而是根本就没有输入任何内容，然后就按"确认"按钮。这种情况常常被遗忘或忽视了，但在实际使用中却时常发生。因此在测试时还需要考虑输入信息为空、非法、错误、默认值、零值、不正确和垃圾数据等情况。

在进行边界值测试时，如何确定边界条件的取值呢？一般情况下，边界值的选择应遵循以下几条原则：

(1) 如果输入条件规定了值的范围，可以选择正好等于边界值的数据作为合理的测试用例，同时还要选择刚好越过边界值的数据作为不合理的测试用例。如输入值的范围是 [0，99]，可取 −1，0，99，100 等值作为测试数据。

(2) 如果输入条件指出了输入数据的个数，则按最大个数、最小个数、比最小个数少 1、比最大个数多 1 等情况分别设计测试用例。如，一个输入文件可包括 1～255 个记录，则分别设计有 1 个记录、255 个记录，以及 0 个记录、266 个记录的输入文件作为测试用例。

(3) 如果程序的规格说明给出的输入域或输出域是有序集合（如有序表、顺序文件等），则应选取集合的第一个元素和最后一个元素作为测试数据。例如，输出的表最多有 99 行，每 50 行为一页，则输出 0 行、1 行、50 行、51 行、99 行。

(4) 如果程序中使用了一个内部数据结构，则应当选择这个内部数据结构的边界上的值作为测试数据。

(5) 根据需求规格说明的每一个输出条件，使用规则 (1)。

(6) 根据需求规格说明的每一个输出条件，使用规则 (2)。

(7) 分析规格说明，找出其他可能的边界条件。如，对 16bit 的整数而言 32 767 和 −327 68 是边界；屏幕上光标在最左上、最右下位置；报表的第一行和最后一行；数组元素的第一个和最后一个；循环的第 0 次、第 1 次和倒数第 2 次、最后一次；等等。

边界值与等价类划分结合使用时，还需注意边界值分析不是从某等价类中随便挑一个作为代表，而是使这个等价类的每个边界都要作为测试条件；同时，边界值分析不仅考虑输入条件，还要考虑输出空间产生的测试情况。

【例】NextDate 函数边界值测试。

程序有三个输入变量 month、day、year(month、day 和 year 均为整数值，并且满足：$1 \leqslant$ month $\leqslant 12$、$1 \leqslant$ day $\leqslant 31$、$1900 \leqslant$ year $\leqslant 2050$)，分别作为输入日期的月份、日、年份，通过程序可以输出该输入日期在日历上下一天的日期。例如，输入为 2005 年 11 月 29 日，则该程序的输出为 2005 年 11 月 30 日。请用边界值分析法设计测试用例。

(1) 分析各变量的取值。

边界值分析测试时，各变量分别取：略小于最小值、最小值、正常值、最大值和略大于最大值。具体取值如下：

month：-1，1，6，12，13；

day：-1，1，15，31，32

year：1899，1900，1975，2050，2051；

(2) 设计测试用例，见表 2-6。

表 2-6　NextDate 函数测试用例

测试用例	输入数据			预期输出
	month	day	year	
1	6	15	1899	year 超出 [1900，2050]
2	6	15	1900	1900.6.16
3	6	15	1975	1975.6.16
4	6	15	2050	2050.6.16
5	6	15	2051	year 超出 [1900，2050]
6	6	-1	1975	day 超出 [1…31]
7	6	1	1975	1975.6.2
8	6	31	1975	输入日期超界
9	6	32	1975	day 超出 [1…31]
10	-1	15	1975	month 超出 [1…12]
11	1	15	1975	1975.1.16
12	12	15	1975	1975.12.16
13	13	15	1975	month 超出 [1…12]
…				

在 NextDate 函数中有两种复杂性的输入来源，一是输入域的复杂性（即输入变量之间逻辑关系的复杂性），二是确定闰年的规则。此例中没有考虑和闰年相关的问题。

2.1.3　决策表

考虑输入与输出变量取值之间的关系，比较复杂，需要更多的规则。

在一些数据处理问题中，某些操作是否实施依赖于多个逻辑条件的取值。在这些逻辑条件取值的组合所构成的多种情况下，分别执行不同的操作。处理这类问题的一个非常有力的分析和表达工具是判定表，或称决策表 (Decision Table)。决策表能够将复杂的问题按照各种可能的情况全部列举出来，简明并避免遗漏。因此，利用决策表能够设计出完整的测试用例集合。在所有功能性测试方法中，基于决策表的测试方法是最严格的。

决策表通常由四个部分组成，如表 2-7 所示。

表 2-7　决 策 表 结 构

桩	规　则
条件桩	条件项
动作桩	动作项

(1) 条件桩 (Condition Stub)：列出了问题的所有条件。通常认为列出的条件的次序无关紧要。

(2) 动作桩 (Action Stub)：列出了问题规定可能采取的操作。这些操作的排列顺序没有约束。

(3) 条件项 (Condition Entry)：列出针对它左列条件的取值。在所有可能情况下，给出真假值。

(4) 动作项 (Action Entry)：列出在条件项的各种取值情况下应该采取的动作。

动作项和条件项紧密相关，它指出了在条件项的各组取值情况下应采取的动作。任何一个条件组合的特定取值及其相应要执行的操作称为规则。在判定表中贯穿条件项和动作项的一列就是一条规则。规则指示了在规则的各条件项指示的条件下要采取动作项中的行为。显然，判定表中列出多少组条件取值，也就有多少条规则，既条件项和动作项有多少列。

为了使用判定表标识测试用例，在这里我们把条件解释为程序的输入，把动作解释为输出。在测试时，有时条件最终引用输入的等价类，动作引用被测程序的主要功能处理，这时规则就解释为测试用例。由于判定表的特点，可以保证能够取到输入条件的所有可能的条件组合值，因此可以做到测试用例的完整集合。

使用判定表进行测试时，首先需要根据软件规格说明建立判定表。判定表设计的步骤如下：

(1) 确定规则的个数。

假如有 n 个条件，每个条件有两个取值（"真"，"假"），则会产生 2^n 条规则。如果每个条件的取值有多个值，则规则数等于各条件取值个数的积。

(2) 列出所有的条件桩和动作桩。

在测试中，条件桩一般对应着程序输入的各个条件项，而动作桩一般对应着程序的输出结果或要采取的操作。

(3) 填入条件项。

条件项就是每条规则中各个条件的取值。为了保证条件项取值的完备性和正确性，可以利用集合的笛卡尔积来计算。首先找出各条件项取值的集合，然后将各集合作笛卡尔积，最后将得到的集合的每一个元素填入规则的条件项中。

(4) 填入动作项，得到初始判定表。

在填入动作项时，必须根据程序的功能说明来填写。首先根据每条规则中各条件项的取值，来获得程序的输出结果或应该采取的行动，然后在对应的动作项中作标记。

(5) 简化判定表、合并相似规则 (相同动作)。

若表中有两条以上规则具有相同的动作，并且在条件项之间存在极为相似的关系，便可以合并相似的规则。合并后的条件项用符号 "—" 表示，说明执行的动作与该条件的取值无关，称为无关条件。

【例】维修机器问题。某程序规定："…对功率大于 50 马力的机器、维修记录不全或已运行 10 年以上的机器，应给予优先的维修处理…"。这里假定："维修记录不全"和"优先维修处理"均已在别处有更严格的定义。

下面根据建立判定表的步骤来介绍如何为本例建立判定表。

(1) 确定规则的个数。本例中输入有三个条件，每个条件的取值为"是"或"否"，因此有 $2 \times 2 \times 2 = 8$ 种规则。

(2) 列出所有的条件桩和动作桩。根据问题中描述的输入条件和输出结果，列出所有的条件桩和动作桩。其中条件桩有三项：

- 功率大于 50 马力吗？
- 维修记录不全吗？
- 运行超过 10 年吗？

动作桩有两项：

- 进行优先处理；
- 作其他处理。

(3) 填入条件项。在填写条件项时，可以将各个条件取值的集合进行笛卡尔积，得到每一列条件项的取值。本例就是计算 {Y，N}×{Y，N}×{Y，N}＝{<Y，Y，Y>，<Y，Y，N>，<Y，N，Y>，<Y，N，N>，<N，Y，Y>，<N，Y，N>，<N，N，Y>，<N，N，N>}，然后将所得集合中的每一个元素的值填入每一列各条件项中，如表 2-8 所示。

(4) 填入动作桩和动作项。根据每一列中各条件的取值得到所要采取的行动，填入动作桩和动作项，便得到初始判定表，如表 2-8 所示。

表 2-8　判　定　表

	规　　则	1	2	3	4	5	6	7	8
条件	功率大于 50 马力吗？	Y	Y	Y	Y	N	N	N	N
	维修记录不全吗？	Y	Y	N	N	Y	Y	N	N
	运行超过 10 年吗？	Y	N	Y	N	Y	N	Y	N
动作	进行优先处理	√	√	√		√		√	
	作其他处理				√		√		√

(5) 化简。从表中可以很直观地看出规则 1 和规则 2 的动作项相同，第一个条件项和第二个条件项的取值相同，只有第三个条件项的取值不同，满足合并的原则。合并时，第三个条件项成为无关系条目，用"—"表示。同理，规则 5 和规则 7 可以合并，规则 6 和规则 8 可以合并。通过合并相似规则后得到简化的判定表，如表 2-9 所示。

表2-9　简化后的判定表

	规　　则	1	2	3	4	5
条件	功率大于 50 马力吗?	Y	Y	Y	N	N
	维修记录不全吗?	Y	N	N	—	—
	运行超过 10 年吗?	—	Y	N	Y	N
动作	进行优先处理	√	√		√	
	作其他处理			√		√

2.1.4　因果图

等价类划分和边界值分析方法都只是孤立地考虑各个输入数据的测试功能，而没有考虑多个输入条件的各种组合和输入条件之间的相互制约关系引起的错误。因此必须考虑采用一种适合于描述对于多种条件的组合，相应产生多个动作的形式来设计测试用例，这就需要利用因果图(逻辑模型)。因果图方法最终生成的就是判定表，它适合于检查程序输入条件的各种组合情况。

因果图中使用了简单的逻辑符号，以直线联接左右结点(见图 2-1)。左结点表示输入状态(或称原因)，右结点表示输出状态(或称结果)。通常用 c_i 表示原因，一般置于图的左部；e_i 表示结果，通常在图的右部。c_i 和 e_i 均可取值"0"或"1"，其中"0"表示某状态不出现，"1"表示某状态出现。

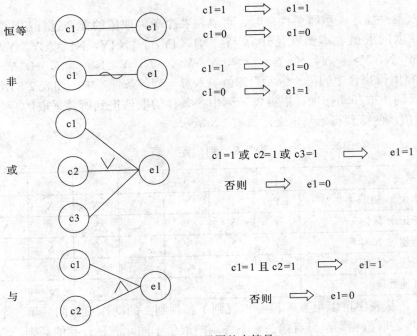

图2-1　因果图基本符号

因果图中包含四种关系：

(1) 恒等：若 c_i 是 1，则 e_i 也是 1；若 c_i 是 0，则 e_i 为 0。

(2) 非：若 c_i 是 1，则 e_i 是 0；若 c_i 是 0，则 e_i 是 1。

(3) 或：若 c_1 或 c_2 或 c_3 是 1，则 e_i 是 1；若 c_1、c_2 和 c_3 都是 0，则 e_i 为 0。"或"可有任意多个输入。

(4) 与：若 c_1 和 c_2 都是 1，则 e_i 为 1；否则 e_i 为 0。"与"也可有任意多个输入。

在实际问题中输入状态相互之间、输出状态相互之间可能存在某些依赖关系，称为"约束"。为了表示原因与原因之间，结果与结果之间可能存在的约束条件，在因果图中可以附加一些表示约束条件的符号。对于输入条件的约束有 E、I、O、R 四种约束，对于输出条件的约束只有 M 约束。输入输出约束图形符号如图 2-2 所示。

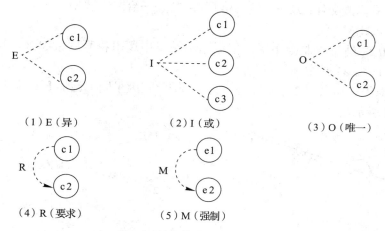

图2-2　输入输出约束图形符号

为便于理解，这里设 c_1、c_2 和 c_3 表示不同的输入条件。

E(异)：表示 c_1、c_2 中至多有一个可能为 1，即 c_1 和 c_2 不能同时为 1。

I(或)：表示 c_1、c_2、c_3 中至少有一个是 1，即 c_1、c_2、c_3 不能同时为 0。

O(唯一)：表示 c_1、c_2 中必须有一个且仅有一个为 1。

R(要求)：表示 c_1 是 1 时，c_2 必须是 1，即不可能 c_1 是 1 时 c_2 是 0。

M(强制)：表示如果结果 e_1 是 1，则结果 e_2 强制为 0。

因果图可以很清晰地描述各输入条件和输出结果的逻辑关系。

采用因果图设计测试用例的步骤如下：

(1) 分析软件规格说明描述中，哪些是原因，哪些是结果。其中，原因常常是输入条件或是输入条件的等价类；结果常常是输出条件。然后给每个原因和结果赋予一个标识符，并且把原因和结果分别画出来，原因放在左边一列，结果放在右边一列。

(2) 分析软件规格说明描述中的语义，找出原因与结果之间，原因与原因之间对应的是什么关系，根据这些关系，将其表示成连接各个原因与各个结果的"因果图"。

(3) 由于语法或环境限制，有些原因与原因之间，原因与结果之间的组合情况不可能出现。为表明这些特殊情况，在因果图上用一些记号标明约束或限制条件。

(4) 把因果图转换成判定表。首先将因果图中的各原因作为判定表的条件项，因果图的各结果作为判定表的动作项。然后给每个原因分别取"真"和"假"两种状态，一般用

"0"和"1"表示。最后根据各条件项的取值和因果图中表示的原因和结果之间的逻辑关系，确定相应的动作项的值，完成判定表的填写。

(5) 把判定表的每一列拿出来作为依据，设计测试用例。

下面通过案例来说明如何用因果图进行测试。

【例】某软件规格说明书中一需求描述为：第一列字符必须是 A 或 B，第二列字符必须是一个数字，在此情况下进行文件的修改，但如果第一列字符不正确，则给出信息 L，如果第二列字符不是数字，则给出信息 M。

(1) 根据说明书分析出原因和结果。

原因：1——第一列字符是 A；2——第一列字符是 B；3——第二列字符是一数字

结果：21——修改文件；22——给出信息 L；23——给出信息 M

(2) 绘制因果图。

① 根据原因和结果绘制因果图。把原因和结果用逻辑符号联接起来，划成因果图，如图 2-3 所示。(注：11 是中间节点。)

② 考虑到原因 1 和原因 2 不可能同时为 1，因此在因果图上施加 E 约束。具有约束的因果图如图 2-4 所示。

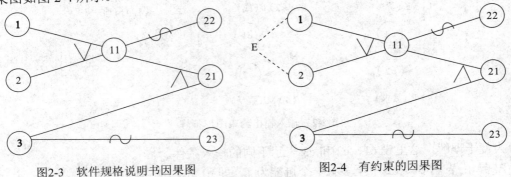

图2-3　软件规格说明书因果图　　　　　图2-4　有约束的因果图

③ 根据因果图建立判定表，如表 2-10 所示。

表 2-10　软件规格说明书的判定表

规则		1	2	3	4	5	6	7	8	
条件	1	1	1	1	1	0	0	0	0	原因
	2	1	1	0	0	1	1	0	0	
	3	1	0	1	0	1	0	1	0	
	11	//	//	1	1	1	1	0	0	
动作	22	//	//	0	0	0	0	1	1	结果
	21	//	//	1	0	1	0	0	0	
	23	//	//	0	1	0	1	0	1	

注意：表中 8 种情况的左面两列情况中，原因 1 和原因 2 同时为 1，这是不可能出现的，故应排除这两种情况。针对第 3 ~ 8 列设计测试用例如表 2-11 所示。

表 2-11　软件规格说明书的测试用例

测试用例编号	条件组合	输入数据	预期结果（输出动作）
1	第 3 列	A3	修改文件
2	第 4 列	A*	给出信息 M
3	第 5 列	B8	修改文件
4	第 6 列	BN	给出信息 M
5	第 7 列	X6	给出信息 L
6	第 8 列	CC	给出信息 L,M

2.1.5　组合测试

在软件的功能测试中，可以通过检查系统参数的所有取值组合来进行充分的测试。假如一个待测系统具有 k 个参数，这些参数分别有 v_1，v_2，…，v_k 个可能取值，完全测试这个系统需要 $\prod_{i=1}^{k} v_i$ 个测试用例。对于一般的被测系统而言，这个组合数是一个很庞大的数字。

如何从中选择一个规模较小的子集作为测试用例集是测试用例设计的重要问题。在测试性能和代价上的一个折衷就是组合测试 (Combinatorial Testing)。组合测试能够在保证错误检出率的前提下采用较少的测试用例测试系统。

根据观察，很多程序错误都是由少数几个参数的相互作用导致的。例如：Kuhn 和 Reilly 分析了 Mozilla 浏览器的错误报告记录，发现超过 70% 的错误是由某两个参数的相互作用触发的，超过 90% 的错误是由三个以内的参数互相作用而引发的。这样，可以选择测试用例使得对于任意 t(t 是一个小的正整数，一般是 2 或者 3) 个参数，这 t 个参数对 n 个输入参数中的任意 m 个输入参数的所有取值组合要覆盖到，是可行的，称之为强度 m 的组合测试。

所有可能取值的组合至少被一个测试用例覆盖，称这种测试准则为 t 组合测试。

例如：4 个输入 input1、input2、input3、input4，每个都可以取 0、1、2 的值，9 个测试用例：(0000)、(0111)、(0222)、(1012)、(1120)、(1201)、(2021)、(2102)、(2210)，即可保证每个输入都取过 0、1、2，任意两个输入的所有组合都覆盖到了，即达到了强度 2 的组合测试。

两因素 (Pairwise) 组合测试生成一组测试用例集，可以覆盖任意两个因素的所有取值组合，在理论上可以暴露所有由两个因素共同作用而引发的缺陷。多因素 (N-way，N>2) 组合测试可以生成测试用例集，以覆盖任意 N 个因素的所有取值组合，在理论上可以发现由 N 个因素共同作用引发的缺陷。由于两因素组合测试在测试用例个数和错误检测能力上达到了较好的平衡，因此两因素组合测试已成为目前主流的组合测试方法。

组合测试最适用的场景是配置测试，包括硬件兼容性测试、浏览器兼容性测试等。在配置测试中，待组合的配置项天然就是可枚举的离散值，不存在划分等价类、从等价类中选择可用值等手工操作，避免了测试者引入的错误。在配置测试中，大部分缺陷是由两个配置项不兼容所导致的，所以组合测试的错误检测能力较强。

通常可以使用组合测试工具生成候选测试用例，如 PICT、AllPairs 等。微软开发的工具 PICT(Pairwise Independent Combinatorial Testing tool)，基于 Pairswise 算法，可以有效地按照组合原理进行测试用例设计。在 PICT 模型文件中，可以加入约束 (Contraint) 语句，以定义因素之间的约束关系。

PICT 模型文件包含参数定义、子模型定义及约束定义，还可支持同类参数的互相比较。参数定义格式如下：

        \<ParamName\>: \<Value1\>, \<Value2\>, \<Value3\>, … …

子模型定义格式如下：

        { \<ParamName1\>, \<ParamName2\>, \<ParamName3\>, … } @ N

规则约束为：IF THEN 条件语句，此外在条件语句中支持 =、\<\>、\>、\>=、\<、\<=、LIKE、NOT、AND、OR……

需要注意的是，为了避免漏测，测试人员应该利用领域知识和测试技能，发掘出一批必须测试的取值组合，然后基于这些取值组合生成组合测试用例集。

2.1.6 其他黑盒测试方法

1. 随机测试

随机测试主要是根据测试者的经验对软件进行功能和性能抽查。随机测试是根据测试说明书执行测试用例的重要补充手段，是保证测试覆盖完整性的有效方式和过程。

随机测试主要是对被测软件的一些重要功能进行复测，也包括测试那些当前的测试用例没有覆盖到的部分，以及软件更新和新增加的功能。重点对一些特殊情况点、特殊的使用环境、并发性进行检查，尤其对以前测试发现的重大 Bug，需进行再次测试，可以结合回归测试一起进行。

理论上，每一个被测软件版本都需要执行随机测试，尤其对于最后的将要发布的版本更要重视随机测试。随机测试最好由具有丰富测试经验的熟悉被测软件的测试人员进行测试。对于被测试的软件越熟悉，执行随机测试越容易。只有不断地积累测试经验，包括具体的测试执行和对缺陷跟踪记录的分析，不断总结，才能提高。

利用缺陷聚集的特性，可以提高随机测试的效率。

2. 错误推测

在测试程序时，人们可能根据经验或直觉推测程序中可能存在和容易发生的各种错误，从而有针对性地编写检查这些错误的测试用例，这就是错误推测法。

用错误推测法进行测试，首先需罗列出可能的错误或错误倾向，进而形成错误模型；然后设计测试用例以覆盖所有的错误模型。例如，对一个排序的程序进行测试，其可能出错的情况有：输入表为空的情况；输入表中只有一个数字；输入表中所有的数字都具有相同的值；输入表已经排好序；等等。

错误推测法是一种简单易行的黑盒法，但由于该方法有较大的随意性，主要依赖于测试者的经验，因此通常作为一种辅助的黑盒测试方法。

3. 场景测试

1) 场景定义

场景技术在软件开发中可以用来捕获需求和系统的功能，是软件体系结构建模的主要依据，并可用来指导测试用例生成。本质上，场景从用户的角度描述系统的运行行为，反映了系统的期望运行方式。场景是由一系列相关的活动组成的，而且场景中的活动还可以由一系列的场景构成。

现在的软件几乎都是用事件触发来控制流程的，事件触发时的情景便形成了场景，而同一事件不同的触发顺序和处理结果就形成事件流。利用场景法可以清晰地描述这一系列的过程。这种软件设计方面的思想也可以引入到软件测试中，可以比较生动地描绘出事件触发时的情景，有利于测试设计者设计测试用例，同时使测试用例更容易理解和执行。通过运用场景来对系统的功能点或业务流程进行描述，从而提高测试效果。

场景法一般包含基本流和备用流，从一个流程开始，通过描述经过的路径来确定软件测试过程，经过遍历所有的基本流和备用流来完成整个场景。

对于基本流和备选流的理解，可以参考图 2-5。图中经过用例的每条路径都反映了基本流和备选流，都用箭头来表示。中间的直线表示基本流，是经过用例的最简单的路径。备选流用曲线表示，一个备选流可能从基本流开始，在某个特定条件下执行，然后重新加入基本流中；也可能起源于另一个备选流，或者终止用例而不再重新加入到某个流。

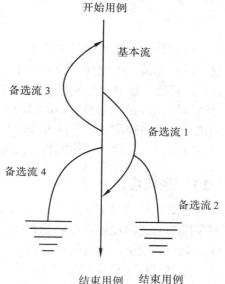

图2-5　基本流和备选流

根据图中每条经过用例的可能路径，可以确定不同的用例场景。从基本流开始，再将基本流和备选流结合起来，可以确定以下用例场景：

场景 1 基本流
场景 2 基本流 备选流 1
场景 3 基本流 备选流 1 备选流 2
场景 4 基本流 备选流 3
场景 5 基本流 备选流 3 备选流 1
场景 6 基本流 备选流 3 备选流 1 备选流 2
场景 7 基本流 备选流 4
场景 8 基本流 备选流 3 备选流 4

注意：为方便起见，场景 5、6 和 8 只描述了备选流 3 指示的循环执行一次测试用例的情况。

2) 场景测试步骤

使用场景法设计测试用例的基本设计步骤如下：

(1) 根据说明，描述出程序的基本流及各项备选流。

(2) 根据基本流和各项备选流生成不同的场景。

(3) 对每一个场景生成相应的测试用例。

(4) 对生成的所有测试用例重新复审，去掉多余的测试用例，测试用例确定后，对每一个测试用例确定测试数据值。

4. 综合策略

每种方法都能设计出一组有用的例子，用这组例子容易发现某种类型的错误，但可能不易发现另一类型的错误。因此在实际测试中，需联合使用各种测试方法，形成综合策略。通常先用黑盒法设计基本的测试用例，再用白盒法补充一些必要的测试用例。

Myers 提出了使用各种测试方法的综合策略：

(1) 在任何情况下都必须使用边界值分析方法。经验表明用这种方法设计出测试用例发现程序错误的能力最强。

(2) 必要时用等价类划分方法补充一些测试用例。用错误推测法再追加一些测试用例。

(3) 对照程序逻辑，检查已设计出的测试用例的逻辑覆盖程度。如果没有达到要求的覆盖标准，应当再补充足够的测试用例。

(4) 如果程序的功能说明中含有输入条件的组合情况，则一开始就可选用因果图法。

2.2 白 盒 测 试

白盒测试也称结构测试或逻辑驱动测试，通过对程序内部结构的分析、检测来寻找问题。白盒测试可以把程序看成装在一个透明的白盒子里，也就是全面了解程序结构和处理过程，可通过测试来检测产品内部动作是否按照规格说明书的规定正常进行，测试程序内部的结构和路径是否都正确，检验程序中的每条通路是否都能按预定要求正确工作。白盒测试是穷举路径测试。贯穿程序的独立路径数是天文数字。但即使每条路径都测试了仍然可能有错误。白盒测试的主要方法有逻辑覆盖、基路径测试等，主要用于软件验证。

2.2.1 逻辑覆盖

逻辑覆盖测试 (Logic Coverage Testing) 是根据被测试程序的逻辑结构设计测试用例。程序内部的逻辑覆盖程度，当程序中有循环时，覆盖每条路径是不可能的，要设计使覆盖程度较高的或覆盖最有代表性的路径的测试用例。

按照对被测程序所作测试的有效程度，逻辑覆盖测试可由弱到强区分为 6 种覆盖：语句覆盖、判定覆盖、条件覆盖、判定 – 条件覆盖、条件组合覆盖和路径覆盖。各种覆盖所要达到的覆盖标准如表 2-12 所示。

表 2-12 逻辑覆盖标准

发现错误的能力 弱→强	语句覆盖	每条语句至少执行一次
	判定覆盖	每一判定的每个分支至少执行一次
	条件覆盖	每一判定中的每个条件分别按"真"、"假"至少各执行一次
	判定 – 条件覆盖	同时满足判定覆盖和条件覆盖的要求
	条件组合覆盖	求出判定中所有条件的各种可能组合值，每个可能的条件组合至少执行一次
	路径覆盖	每条可能的路径至少执行一次

下面根据图 2-6 所示的程序，分别讨论几种常用的覆盖技术。A、B、C、D 和 E 是控制流上的若干程序点。

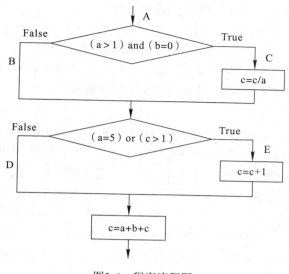

图2-6 程序流程图

1. 语句覆盖

为了提高发现错误的可能性，在测试时应该执行到程序中的每一个语句。语句覆盖是指设计足够的测试用例，使被测试程序中每个语句至少执行一次。

在上述程序段中，如果选用的测试用例是：

a＝5，b＝0，c＝6 ……………………………………… CASE1

则程序按路径 ACE 执行。这样该程序段的 5 个语句均得到执行，从而作到了语句覆盖。

但如果选用的测试用例是：

a＝5，b＝1，c＝6 ……………………………………… CASE2

则程序按路径 ABE 执行，便未能达到语句覆盖。因此在设计测试用例时应精心考虑测试数据的选取，尽量用较少的测试数据达到覆盖的要求。

从程序中每个语句都得到执行这一点来看，语句覆盖的方法似乎能够比较全面地检验每一个语句，但它仅仅针对程序逻辑中显式存在的语句，而对于隐藏的条件是无法测试的。语句覆盖对逻辑运算 (如 || 和 &&) 反映迟钝，在多分支的逻辑运算中无法全面地考虑。

假如在上面的程序段中两个判断的逻辑运算有问题，例如，第一个判断的运算符 "&&"错成了运算符 "||" 或是第二个判断中的运算符 "||" 错成了运算符 "&&"，这时仍使用上述前一个测试用例 CASE1，程序仍将按路径 ACE 执行。这说明虽然也作到了语句覆盖，却发现不了判断中逻辑运算的错误。

此外，还可以很容易地找出已经满足了语句覆盖，却仍然存在错误的例子。如程序中包含下面的语句：

if(condition >= 0)

x = a + b;

如果将其错写成：

if(condition > 0)

x = a + b;

假定给出的测试数据使执行该程序段时 condition 的值大于 0，则 x 被赋予 a + b 的值，这样虽然作到了语句覆盖，然而却掩盖了其中的错误。

另外，语句覆盖不能报告循环是否到达它们的终止条件，只能显示循环是否被执行了。对于 do-while 循环，通常至少要执行一次，语句覆盖认为它们和无分支语句是一样的。

实际上，语句覆盖是比较弱的覆盖原则。语句覆盖在测试被测程序中，除去对检查不可执行语句有一定作用外，并没有排除被测程序包含错误的风险。

2. 判定覆盖

判定覆盖指设计足够的测试用例，使得被测程序中每个判定表达式至少获得一次"真"值和"假"值，从而使程序的每一个分支至少都通过一次，因此判定覆盖也称分支覆盖。

仍以上述程序段为例，由于每个判定有两个分支，因此要达到判定覆盖至少需要两组测试用例。若选用的两组测试用例是：

$$a = 5，b = 0，c = 6 \cdots\cdots\cdots\cdots\cdots\cdots\cdots\cdots\text{CASE1}$$
$$a = 1，b = 0，c = 1 \cdots\cdots\cdots\cdots\cdots\cdots\cdots\cdots\text{CASE3}$$

则可分别执行路径 ACE 和 ABD，从而使两个判断的 4 个分支 C、E 和 B、D 分别得到覆盖。当然，也可以选用另外两组测试用例：

$$a = 3，b = 0，c = 2 \cdots\cdots\cdots\cdots\cdots\cdots\cdots\cdots\text{CASE4}$$
$$a = 5，b = 1，c = 2 \cdots\cdots\cdots\cdots\cdots\cdots\cdots\cdots\text{CASE5}$$

分别执行路径 ACD 及 ABE，同样也可覆盖两个判定的真假分支。

注意：上述两组测试用例不仅满足了判定覆盖，同时还做到了语句覆盖。从这一点可以看出判定覆盖具有比语句覆盖更强的测试能力。但判定覆盖也具有一定的局限性。在实际应用的程序中，往往大部分的判定语句是由多个逻辑条件组合而成 (如判定语句中包含 and、or、case)，若仅仅判断其整个最终结果，而忽略每个条件的取值情况，必然会遗漏部分测试路径。假设在此程序段中的第 2 个判断条件 c>1 错写成了 c<1，使用上述测试用例 CASE5，照样能按原路径执行 (ABE) 而不影响结果。这个事实说明，只作到判定覆盖将无法确定判断内部条件的错误。因此判定覆盖仍是弱的逻辑覆盖，需要有更强的逻辑覆盖准则去检验判定内的条件。

3. 条件覆盖

条件覆盖是指设计足够的测试用例，使得判定表达式中每个条件的各种可能的值至少出现一次，即每个条件至少有一次为真值，有一次为假值。

在上述程序段中，第一个判断应考虑到：

$a > 1$，取真值，记为 T1；

$a > 1$，取假值，即 $a \leqslant 1$，记为 F1；

$b = 0$，取真值，记为 T2；

$b = 0$，取假值，即 $b \neq 0$，记为 F2。

第二个判断应考虑到：

$a = 5$，取真值，记为 T3；

$a = 5$，取假值，即 $a \neq 5$，记为 F3；

$c > 1$，取真值，记为 T4；

$c > 1$，取假值，即 $c \leqslant 1$，记为 F4。

使用条件覆盖设计的思想就是让测试用例能覆盖 T1、T2、T3、T4、F1、F2、F3、F4

这八种情况。下面给出三个测试用例：CASE1、CASE6、CASE7，执行该程序段所走路径及覆盖条件如表 2-13 所示。

表 2-13　测试用例 (1)

测试用例	测试数据	覆盖条件	执行路径
CASE1	a=5，b=0，c=6	T1，T2，T3，T4	ACE
CASE6	a=2，b=0，c=1	F1，T2，F3，F4	ABD
CASE7	a=5，b=2，c=1	T1，F2，T3，F4	ABE

从表中可以看到，三个测试用例把四个条件的八种情况均作了覆盖。

进一步分析，测试用例覆盖了四个条件的八种情况，并把两个判断的四个分支也覆盖了，那么是否可以说，做到了条件覆盖，也就必然实现了判定覆盖呢？让我们来分析另一情况，假定选用的两组测试用例是 CASE7 和 CASE8，执行程序段的覆盖情况如表 2-14 所示。

表 2-14　测试用例 (2)

测试用例	测试数据	覆盖条件	执行路径
CASE7	a=5，b=2，c=1	T1，F2，T3，F4	ABE
CASE8	a=1，b=0，c=3	F1，T2，F3，T4	ABE

这一覆盖情况表明，覆盖了条件的测试用例不一定覆盖了分支。事实上，它只覆盖了四个分支中的两个分支。

因此，完全的条件覆盖并不能保证完全的判定覆盖。条件覆盖只能保证每个条件的真值和假值至少满足一次，而不考虑所有的判定结果。为了解决这一矛盾，需要对条件和分支兼顾。

4. 判定－条件测试

该覆盖标准指设计足够的测试用例，使得判定表达式的每个条件的所有可能取值至少出现一次，并使每个判定表达式所有可能的结果也至少出现一次。判定 - 条件覆盖实际上是将判定覆盖和条件覆盖结合起来的一种方法。

上述程序中，可以设计两个测试用例来达到判定－条件覆盖，如表 2-15 所示。

表 2-15　测试用例 (3)

测试用例	测试数据	覆盖条件	覆盖分支	执行路径
CASE1	a=5，b=0，c=6	T1，T2，T3，T4	C，E	ACE
CASE9	a=1，b=2，c=1	F1，F2，F3，F4	B，D	ABD

从表面上看，判定－条件覆盖测试了各个判定中的所有条件的取值，但实际上，编译器在检查含有多个条件的逻辑表达式时，某些情况下的某些条件将会被其它条件所掩盖。因此，判定－条件覆盖也不一定能够完全检查出逻辑表达式中的错误。

例如：对于条件表达式 (a>1)&&(b==0) 来说，若 (a>1) 的测试结果为真，则还要测试 (b==0)，才能决定表达式的值；而若 (a>1) 的测试结果为假，可以立刻确定表达式的结果为假。这时编译器将不再检查 (b=0) 的取值了。因此，条件 (b=0) 就没有检查。

同样，对于条件表达式 (a=5)‖ (c>1) 来说，若 (a=5) 得测试结果为真，就可以立即确定表达式的结果为真。这时，将不会再检查 (c>1) 这个条件，那么同样也无法发现这个条件中的错误。因此，采用判定 - 条件覆盖，逻辑表达式中的错误不一定能够查得出来。

5. 条件组合覆盖

条件组合覆盖是比较强的覆盖标准，它是指设计足够的测试用例，使得每个判定表达式中条件的各种可能的值的组合都至少出现一次。

对于前面的例子，按照条件组合覆盖的基本思想，把每个判断中的所有条件进行组合，有两个判断，每个判断又包含两个条件，因此这四个条件在两个判断中有八种可能的组合，如表 2-16 所示。

表 2-16　条件组合

编号	具体条件取值	覆盖条件	判定取值
1	a>1，b=0	T1，T2	第一个判定：取真分支
2	a>1，b ≠ 0	T1，F2	第一个判定：取假分支
3	a ≠ 1，b=0	F1，T2	第一个判定：取假分支
4	a ≠ 1，b ≠ 0	F1，F2	第一个判定：取假分支
5	a=5，c>1	T3，T4	第二个判定：取真分支
6	a=5，c ≠ 1	T3，F4	第二个判定：取真分支
7	a ≠ 5，c>1	F3，T4	第二个判定：取真分支
8	a ≠ 5，c ≠ 1	F3，F4	第二个判定：取假分支

设计的测试用例要包括所有的组合条件，本例中条件组合覆盖的测试用例如表 2-17 所示。

表 2-17　测试用例 (4)

测试用例	测试用例	覆盖条件	覆盖分支	执行路径
CASE1	a=5，b=0，c=6	T1，T2，T3，T4	C，E	ACE
CASE10	a=5，b=2，c=2	T1，F2，T3，F4	B，E	ABE
CASE8	a=1，b=0，c=3	F1，T2，F3，T4	B，E	ABE
CASE11	a=1，b=3，c=0	F1，F2，F3，F4	B，D	ABD

通过本例，可以看到条件组合覆盖准则满足了判定覆盖、条件覆盖和判定 - 条件覆盖准则。但是，本例的程序段共有四条路径。以上四个测试用例虽然覆盖了条件组合，同时也覆盖了四个分支，但仅覆盖了三条路径，漏掉了路径 ACD，测试还不完全。

6. 路径覆盖

路径覆盖是指设计足够的测试用例，覆盖被测程序中所有可能的路径。

在实际的逻辑覆盖测试中，一般以条件组合覆盖为主设计测试用例，然后再补充部分用例，以达到路径覆盖测试标准。

针对上述例子中的四条可能路径：ACE、ABD、ABE、ACD，可以给出四个测试用例：CASE1、CASE 6、CASE 7 和 CASE12，使其分别覆盖这四条路径。测试用例和覆盖路径如表2-18所示。

表2-18 测试用例 (5)

测试用例	测试数据	覆盖路径
CASE1	a=5，b=0，c=6	ACE
CASE6	a=2，b=0，c=1	ABD
CASE7	a=5，b=2，c=1	ABE
CASE12	a=3，b=0，c=1	ACD

这里所用的程序段非常简短，而且只有四条路径。但在实际问题中，往往包括循环、条件组合、分支判断等，因此其路径数可能是一个庞大的数字，要在测试中覆盖这样多的路径是无法实现的。例如图2-7所示的流程图。

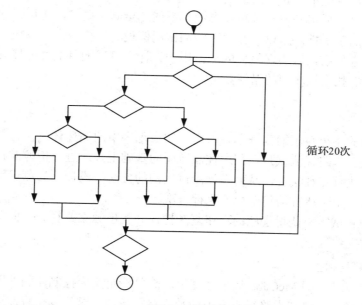

图2-7 流程图

这个流程图中包括了一个执行达20次的循环。那么它所包含的不同执行路径数高达520条，若要对它进行路径覆盖，假使测试程序对每一条路径进行测试需要1毫秒，假定一天工作24小时，一年工作365天，那么要想把图中描述的小程序的所有路径测试完，则需要三千多年。为解决这一难题，只得把覆盖的路径数压缩到一定限度内，例如，程序中的循环体只执行一次或两次。

而在另一些情况下，一些执行路径是不可能被执行的，因为许多路径与执行的数据有关。例如下面的程序段：

    if (success)
    a++ ;
    if (success)
    b-- ;

这两条语句实际只包括了两条执行路径，即 success 为真 (success=true) 时，对 a 和 b 进行处理，success 为假 (success =false) 时，对 a 和 b 不处理。真和假不可能同时存在，而路径覆盖测试则认为是包含四条执行路径。这样不仅降低了测试效率，而且大量的测试结果的累积，也为排错带来麻烦。

其实，即使对路径数很小的程序作到了路径覆盖，仍然不能保证被测程序的正确性。例如：

    if (x <= 5)
    x = x + y ;

如果错写成：

    if (x < 5)
    x = x + y ;

则使用路径覆盖也发现不了其中的错误。

由此可以看出，采用任何一种覆盖方法都不能完全满足要求，采用任何一种测试方法都不能保证程序的正确性。所以，在实际的测试用例设计过程中，可以根据需要将不同的覆盖方法组合起来使用，以实现最佳的测试用例设计。测试的目的并非要证明程序的正确性，而是要尽可能找出程序中的错误。

2.2.2 基路径测试

如果把覆盖的路径数压缩到一定限度内，例如程序中的循环体只执行零次和一次，就成为基路径测试。基路径测试是在程序控制流图的基础上，通过分析控制构造的环路复杂性，导出基本可执行路径集合，从而设计测试用例的方法。设计出的测试用例要保证在测试中，程序的每一个可执行语句至少要执行一次。

进行基路径测试需要获得程序的环路复杂性，并找出独立路径。下面首先介绍程序的环路复杂性和独立路径。

1. 程序环路复杂性

程序的环路复杂性即 McCabe 复杂性度量，简单地定义为控制流图的区域数。从程序的环路复杂性可导出程序基本路径集合中的独立路径条数，这是确保程序中每个可执行语句至少执行一次所必须的测试用例数目的上界。

通常环路复杂性可用以下三种方法求得。

方法一：通过控制流图的边数和节点数计算。设 E 为控制流图的边数，N 为图的结点数，则定义环路复杂性为 $V(G)=E-N+2$。

计算图 2-8 中某程序控制流图的环路复杂性。图中共有 8 条边，7 个节点，因此 E=8，N=7，$V(G)=E-N+2=8-7+2=3$，程序的环路复杂性为 3。

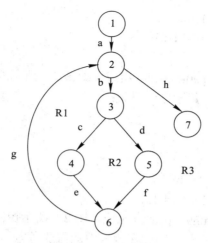

图2-8　某程序流图

方法二：通过控制流图中判定节点数计算。若设 P 为控制流图中的判定结点数，则有 $V(G)=P+1$。

在图 2-8 中的控制流图中有两个判定节点，因此其环路复杂性为 $V(G)=P+1=2+1=3$。

注意：对于 switch-case 语句，其判定节点数的计算需要转换。将 case 语句转换为 if-else 语句后再判定节点个数。

方法三：将环路复杂性定义为控制流图中的区域数。

在控制流图中，由边和节点围成的面积称为区域。需要注意的是：当计算区域数时，应该包括图外部未被围起来的那个区域。

在上图的控制流图中有 3 个区域：R1，R2，R3，因此其环路复杂性为 3。

2. 独立路径

所谓独立路径，是指包括一组以前没有处理的语句或条件的一条路径。控制流图中所有独立路径的集合就构成了基本路径集。在图 2-8 所示的控制流图中，一组独立的路径是：

path1：1-2-7；

path2：1-2-3-4-6-2-7；

path3：1-2-3-5-6-2-7。

路径 path1、path2、path3 就组成了控制流图的一个基本路径集（独立路径集）。只要设计出的测试用例能够确保这些基本路径的执行，就可以使得程序中的每个可执行语句至少执行一次，每个条件的取真分支和取假分支也能得到测试。

需要注意的是，基本路径集不是唯一的，对于给定的控制流图，可以得到不同的基本路径集。例如图 2-9 中的控制流图，由圈复杂度计算方法，可知该控制流图的圈复杂度为 5，因此有 5 条独立路径。

path1：1-2-3-5-6-7-15；

path2：1-2-3-5-6-8-9-14-15；

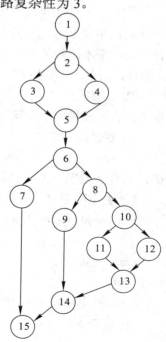

图2-9　控制流图

path3：1-2-3-5-6-8-10-11-13-14-15；

path4：1-2-3-5-6-8-10-12-13-14-15；

path5：1-2-4-5-6-7-15。

路径 path1、path2、path3、path4、path5 组成了如图 2-9 所示控制流图的一个基本路径集。

很显然，还可以找出另一组独立路径集：

path6：1-2-3-5-6-7-15；

path7：1-2-4-5-6-7-15；

path8：1-2-4-5-6-8-9-14-15；

path9：1-2-4-5-6-8-10-11-13-14-15；

path10：1-2-4-5-6-8-10-12-13-14-15。

path6、path7、path8、path9、path10 组成了图 2-9 所示控制流图的另一个基本路径集。

由于基本路径集可能不唯一，因此在测试中就需要考虑如何选择合适的独立路径构成基路径集，以提高测试的效率和质量。

选择独立路径的原则如下：

(1) 选择具有功能含义的路径。

(2) 尽量用短路经代替长路径。

(3) 从上一条测试路径到下一条测试路径，应尽量减少变动的部分 (包括变动的边和结点)。

(4) 由简入繁，如果可能，应先考虑不含循环的测试路径，然后补充对循环的测试。

(5) 除非不得已 (如为了覆盖某条边)，不要选取没有明显功能含义的复杂路径。

3. 基路径测试方法

基路径测试法是通过分析控制构造的环路复杂性，导出基本可执行路径集合，从而设计测试用例的方法。设计出的测试用例要保证在测试中程序的每个可执行语句至少执行一次。基本路径测试法包括以下几个方面：

(1) 根据详细设计或者程序源代码，绘制出程序的控制流图。

(2) 计算程序环路复杂度。环路复杂度是一种为程序逻辑复杂性提供定量测度的软件度量，将该度量用于计算程序的基本独立路径的边数。

(3) 找出独立路径。通过程序的控制流图导出基本路径集，列出程序的独立路径。

(4) 设计测试用例。根据程序结构和程序环路复杂性设计用例输入数据和预期结果，确保基本路径集中的每一条路径的执行。

【例】下面通过一个简单的 Java 程序实例来说明基路径测试的方法和过程。

```java
public void sort( int iRecordNum, int iType )
{
int  x = 0;
int  y = 0;
while ( iRecordNum > 0) {
  if( iType = = 0)
      x = y + 2;
```

```
    else {
        if( iType == 1 )
            x = y + 5;
        else
            x = y + 10;
    }
  }
}
```

第一步，画出控制流图。

本例代码对应的控制流图如图 2-10 所示。

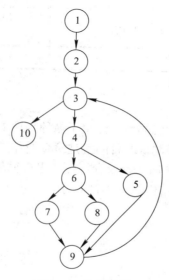

图2-10　控制流图

第二步，计算圈复杂度。

下面用三种方法计算圈复杂度：

● 流图中区域的数量对应于圈复杂度，从控制流图中可以很直观地看出，其区域数为 4。因此其圈复杂度为 4。

● 通过公式 $V(G)=E-N+2$ 来计算。E 是流图中边的数量，在本例中 $E=11$，N 是流图中结点的数量，在本例中，$N=9$，$V(G)=11-9+2=4$。

● 通过判定结点数计算，$V(G)=P+1$，P 是流图 G 中判定结点的数量。本例中判定节点有 3 个，即 $P=3$，$V(G)=P+1=3+1=4$。

第三步，找出独立路径。

独立路径必须包含一条在定义之前不曾用到的边。根据上面计算的圈复杂度，可得出四个独立的路径：

路径 1：1-2-3-4-5-9-3-10；

路径 2：1-2-3-4-6-7-9-3-10；

路径 3：1-2-3-4-6-8-9-3-10；

路径4：1-2-3-10。

第四步，导出测试用例。

为了确保基本路径集中的每一条路径的执行，根据判断结点给出的条件，选择适当的数据以保证某一条路径可以被测试到。满足上面例子基本路径集的测试用例如表2-19所示。

表2-19 测试用例

用例编号	路径	输入数据	预期输出
1	路径1：1-2-3-4-5-9-3-10	iRecordNum =1, iType = 0	x=2
2	路径2：1-2-3-4-6-7-9-3-10	iRecordNum =1, iType = 1	x=5
3	路径3：1-2-3-4-6-8-9-3-10;	iRecordNum=1, iType = 3	x=10
4	路径4：1-2-3-10	iRecordNum =0	x=0

2.2.3 循环测试

循环测试专用于测试程序中的循环，注重于循环构造的有效性，并且可以进一步提高测试覆盖率。从本质上说，循环测试的目的就是检查循环结构的有效性。

通常，循环可以划分为简单循环、嵌套循环、串接循环（也称连锁循环）和不规则循环（也称非结构循环）。它们的结构如图2-11所示。

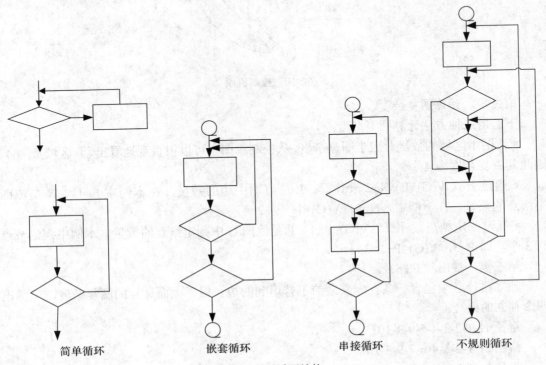

简单循环　　　　嵌套循环　　　　串接循环　　　　不规则循环

图2-11 循环结构

1. 简单循环测试

循环测试最基本的形式是简单循环(只有一个循环层次)。对于简单循环,应该设计以下五种测试集,其中 n 是允许通过循环的最大次数。

(1) 零次循环:从循环入口直接跳过整个循环。

(2) 一次循环:只有一次通过循环。

(3) 两次通过循环。

(4) m 次通过循环,m 小于循环最大次数。

(5) n-1、n、n+1 次通过循环。

为了提高测试效率,至少需要 5 个测试用例,即循环变量等于 0、1、m、n、n、n+1。

2. 嵌套循环测试

对于嵌套循环的测试,不能通过简单地扩展简单循环的测试来得到。如果将简单循环的测试方法用于嵌套循环,可能的测试数就会随嵌套层数成几何级增加,这会导致测试数目大大增加。例如,两层的嵌套循环,可能要运行 5^2 个测试用例,如果 4 层嵌套循环,可能要运行 5^4 个测试用例。

为减少测试数目,嵌套循环可按照下面的方法进行测试。

(1) 从最内层循环开始(不含最内层循环),将所有其它层的循环设置为最小值。

(2) 对最内层循环使用简单循环的全部测试,测试时保持所有外层循环的迭代参数(即循环变量)取最小值,并为越界值或非法值增加其它测试。

(3) 由内向外构造下一个循环的测试,测试时保持所有外层循环的循环变量取最小值,并使其它嵌套内层循环的循环变量取"典型"值。

(4) 反复进行,直到测试所有的循环。

3. 串接循环

两个或多个简单的循环串接在一起,称为串接循环。如果两个或多个循环毫不相干,则应作为独立的简单循环测试。但是如果两个循环串接起来,而第一个循环是第二个循环的初始值,则这两个循环并不是独立的。如果循环不独立,则推荐使用嵌套循环的方法进行测试。

4. 不规则循环

这种循环不能测试,尽量重新设计为结构化的程序结构后再进行测试。

2.2.4 其他白盒测试方法

1. 数据流测试

数据流分析最初是随着编译系统要生成有效的目标代码而出现的,这类方法主要用于优化代码。数据流测试是指一个基于通过程序的控制流,从建立的数据目标状态的序列中发现异常的结构测试方法。数据流测试用作路径测试的"真实性检查"。

早期的数据流分析常常集中于现在叫做定义/引用异常的缺陷:

(1) 变量被定义,但是从来没有使用。

(2) 所使用的变量没有被定义。

(3) 变量在使用之前被定义了两次。

数据流测试是根据被测试程序中变量的定义和引用位置选择测试路径。

定义 1：一个变量在程序中的某处出现使数据与该变量相绑定，则称该出现是定义性出现。对于程序 P 中的语句 S，其定义性出现了集合定义：

$$Def(S)= \{V| \text{语句 S 包含 V 的定义}\}$$

定义 2：一个变量在程序中的某处出现使之与该变量相绑定的内容被引用，则称该出现是引用性出现。对于程序 P 中的语句 S，其引用性出现定义如下：

$$Use(S)= \{V| \text{语句 S 包含 V 的引用}\}$$

一个变量有两种被引用方式，一是用于计算新数据，或为输出结果，或为中间计算结果等，这种引用性出现称为计算性引用，用 c-use 表示；二是用于计算判断控制转移方向的谓词，这种引用性出现称为谓词性引用，用 p-use 表示。

若一个变量被引用前在它出现的块内无其定义性出现，则该引用称为全局性引用；否则称为局部性引用。

定义 3：将每条边与一个集合相关联、每个结点与两个集合相关联，从而形成定义 - 引用图 G，其中 $Def(i)= \{x \in V| x \text{ 是结点 i 中定义的全局变量}\}$、$c\text{-}use(i)= \{x \in V | x$ 是结点 i 中的一个全局 c-use$\}$、$p\text{-}use(i, j)= \{x \in V | x \text{ 是边 } (i, j) \text{ 中的一个 p-use}\}$。

定义 4：设 x 是在 i 结点中出现的一个定义变量，若一条路径 (i, n1, n2, …, nm, j)(m ≥ 0) 在 n1, n2, …, nm 结点中不含有 x 的定义，则称从结点 i 到 j 对于 x 是一个全路径无定义的。若一条路径 (i, n1, n2, …, nm, j, k)(m ≥ 0) 在 n1, n2, …, nm 结点中不含有 x 的定义，则称从结点 i 到边 (j, k) 对于 x 是一个全路径无定义的。设 i 是任意结点，x 是任意变量，x 在 i 处定义为 $x \in def(i)$，则 $dcu(x, i)= \{j \in N | N$ 是结点集，$x \in c\text{-}use(j)$ 且存在从 i 到 j 的全路径无定义$\}$；$dpu(x, i)= \{(j, k)| x \in p\text{-}use(j, k)$ 且存在从 i 到 (j, k) 的全路径无定义 $\}$。

数据流测试使用程序中的数据流关系用来指导测试者选取测试用例。数据流测试的基本思想是：一个变量的定义，通过辗转的使用和定义，可以影响到另一个变量的值，或者影响到路径的选择等。因此，可以选择一定的测试数据，使程序按照一定的变量的定义 - 使用路径执行，并检查执行结果是否与预期的相符，从而发现代码的错误。

因为程序内的语句因变量的定义和使用而彼此相关，所以用数据流测试方法更能有效地发现软件缺陷。数据流测试有下列覆盖准则：

(1) 定义覆盖准则。最简单的数据流测试方法着眼于测试一个数据的定义的正确性。通过考察每一个定义的一个使用结果来判断该定义的正确性。该方法可用充分性准则 (定义覆盖准则) 的形式定义如下。

定义：测试数据集 T 对测试程序是满足定义覆盖准则的，如果对流图中的每一个变量 x 的每一个定义性出现，那么 LT 中存在一条路径 A，它包含一条子路径 A′ 使得子路径 A′ 将该定义性出现传递到某一个引用性出现。

(2) 引用覆盖准则。因为一个定义可能传递到多个引用，一个定义不仅要求对某一个引用是正确的，而且，要对所有的引用都是正确的。定义覆盖准则只要求测试数据对每一个定义检查一个引用，显然，是一个很弱的充分性准则。改进这一测试方法的途径之一是要求对每一个可传递到的引用都进行检查。

定义：测试数据集 T 对测试程序 P 满足引用覆盖准则，如果对流图 GP 中的每一个变量 x 的每一个定义性出现，以及该定义的每一个能够可行地传递到的引用，LT 中都存在一条路径 A，它包含一条子路径 A'，使得子路径 A' 将该定义性出现传递到引用。

(3) 定义—引用覆盖准则。引用覆盖准则在一定程度上弥补了定义覆盖准则。但仍有些不足之处。引用覆盖准则虽然要求检查每一个定义的所有可传递的引用，但对如何从一个定义传递到一个引用却不作要求。例如如果程序中存在循环则从一个定义到一个引用可能存在多条路径。一个更严格的数据流测试方法是对所有这样的路径进行检查，成为定义－引用路径覆盖准则。然而，这样的路径可能会有无穷多条，从而导致充分性准则的非有限性，对此，我们只检查无回路的或只包含一个简单回路的路径。

定义：测试数据集 T 对测试程序是满足定义－引用覆盖准则的，如果对流图 GP 中的任意一条可行的从定义传递到其引用的路径 A，A 是无回路的或 A 只是开始节点和结束节点相同，那么 LT 中都存在一条路径 B，使得 A 是 B 的子路径。

(4) 其他的数据流覆盖准则。其他的数据流覆盖准则还包括二元交互链覆盖、计算环境覆盖、所有谓词引用 / 部分算计引用覆盖等等。

2. 程序插装

程序插装概念是由 J.G.Huang 教授首次提出，它使被测试程序在保持原有逻辑完整性基础上在程序中插入一些探针 (又称为"探测仪")，通过探针的执行抛出程序的运行特征数据。基于这些特征数据分析，可以获得程序的控制流及数据流信息，进而得到逻辑覆盖等动态信息。

程序插装在实践中应用广泛，可以用来捕获程序执行过程中变量值的变化情况，也可以用来检测程序的分支覆盖和语句覆盖。程序插装的关键技术包括要探测哪些信息、在程序中什么部位设置探针、如何设计探针，以及探针函数捕获数据的编码和解码。

3. 域测试

域测试是一种基于程序结构的测试方法。Howden 曾对程序中出现的错误进行分类，他将程序错误分为域错误、计算型错误和丢失路径错误三种。这是相对于执行程序的路径来说的。每条执行路径对应于输入域的一类情况，是程序的一个子计算。如果程序的控制流有错误，对于某一特定的输入可能执行的是一条错误路径，这种错误称为路径错误，也叫做域错误。如果对于特定输入执行的是正确路径，但由于赋值语句的错误致使输出结果不正确，则称此为计算型错误。另外一类错误是丢失路径错误。它是由于程序中某处少了一个判定谓词而引起的。域测试主要针对域错误进行程序测试。

域测试的"域"是指程序的输入空间。域测试方法基于对输入空间的分析。自然，任何一个被测程序都有一个输入空间。测试的理想结果就是检验输入空间中的每一个输入元素是否都产生正确的结果。而输入空间又可分为不同的子空间，每一子空间对应一种不同的计算。在考察被测试程序的结构以后，我们就会发现，子空间的划分是由程序中分支语句中的谓词决定的。输入空间的一个元素，经过程序中某些特定语句的执行而结束 (当然也可能出现无限循环而无出口)，那都是满足了这些特定语句被执行所要求的条件的语句。

域测试正是在分析输入域的基础上，选择适当的测试点以后进行测试的。

域测试有两个致命的弱点，一是为进行域测试对程序提出的限制过多，二是当程序存在很多路径时，所需的测试点也就很多。

4. 符号测试

符号测试的基本思想是允许程序的输入不仅仅是具体的数值数据，而且包括符号值，这一方法也是因此而得名。这里所说的符号值可以是基本符号变量值，也可以是这些符号变量值的一个表达式。这样，在执行程序过程中以符号的计算代替了普通测试执行中对测试用例的数值计算。所得到的结果自然是符号公式或是符号谓词。更明确地说，普通测试执行的是算术运算，符号测试则是执行代数运算。因此符号测试可以认为是普通测试的一个自然的扩充。

符号测试可以看作是程序测试和程序验证的一个折衷方法。一方面，它沿用了传统的程序测试方法，通过运行被测程序来验证它的可靠性。另一方面，由于一次符号测试的结果代表了一大类普通测试的运行结果，实际上是证明了程序接受此类输入，所得输出是正确的还是错误的。最为理想的情况是，程序中仅有有限的几条执行路径。如果对这有限的几条路径都完成了符号测试，我们就能较有把握地确认程序的正确性了。

从符号测试方法使用来看，问题的关键在于开发出比传统的编译器功能更强、能够处理符号运算的编译器和解释器。

5. 程序变异

程序变异测试与前面提到的测试方法不一样，它是一种错误驱动测试。所谓错误驱动测试方法，是指该方法是针对某类特定程序错误的。经过多年的测试理论研究和软件测试的实践，人们逐渐发现要想找出程序中所有的错误几乎是不可能的。比较现实的解决办法是将错误的搜索范围尽可能地缩小，以利于专门测试某类错误是否存在。这样做的好处在于，便于集中目标于对软件危害最大的可能错误，而暂时忽略对软件危害较小的可能错误。这样可以取得较高的测试效率，并降低测试的成本。

错误驱动测试主要有两种，即程序强变异和程序弱变异。为便于测试人员使用变异方法，一些变异测试工具被开发了出来。

6. 综合策略

正确使用白盒测试，就要先从代码分析入手，根据不同的代码逻辑规则、语句执行情况，选用适合的测试方法。

白盒测试中测试方法的选择策略如下：

(1) 在测试中，首先进行静态结构分析；

(2) 采用先静态后动态的组合方式，先进行静态结构分析，代码检查和静态质量度量，然后再进行覆盖测试；

(3) 利用静态结构分析的结果，通过代码检查和动态测试的方法对结果进一步确认，使测试工作更为有效；

(4) 覆盖率测试是白盒测试的重点，使用基本路径测试达到语句覆盖标准，对于重点模块，应使用多种覆盖标准衡量代码的覆盖率；

(5) 不同测试阶段，测试重点不同。

思　考　题

1. 什么是模块的内聚和耦合？如何理解一个良好的设计应该是显示出较高的模块内聚度和较低的模块耦合度？

2. 一个软件接收一个整数作为输入。如果整数长度规定为 2 个字节的一个有符号整数，该原子输入的可能取值范围是什么？如果该整数是一个 2 字节无符号整数呢？或者是 4 字节的整数呢？

3. 如果一个 4 变量函数，使除一个以外的所有变量取正常值，而使剩余变量取最小值、略高于最小值、正常值、略低于最大值和最大值，对每个变量都重复进行，这样，对于一个 4 变量函数，边界值分析产生的测试用例数为多少？

4. 某一 C 语言版本中规定：标识符是以字母或下划线开头，后跟字母、数字或下划线的任意组合而成，有效字符为 16 个，且标识符不能是保留字。试用等价类法设计测试用例。

5. 什么是静态测试方法？对代码的静态测试方法有哪几种？

6. 用黑盒测试策略测试：

假定 P 是为了满足下列规格说明 S 而生成的程序：

程序的输入是用百分数表示的测验成绩，其输出是根据下列规则生成的注释：

(1) 如果测验成绩低于 45 分，则程序的输出为"不合格"；

(2) 如果测验成绩介于 45 到 80 分之间，则程序的输出为"合格"；

(3) 如果测验成绩高于 80 分，则程序的输出为"优秀"。

无论输入采用何种形式，只要它不是介于 0 到 100 的数值，就会输出出错信息："无效输入"。

7. 等价类划分过粗或者过细，各会出现什么样的结果？

8. 某软件的一个模块的需求规格说明书中描述：

(1) 年薪制员工：严重过失，扣年终风险金的 4%；过失，扣年终风险金的 2%。

(2) 非年薪制员工：严重过失，扣当月薪资的 8%；过失，扣当月薪资的 4%。

请绘制出判定表，并设计相应的测试用例。

9. 请讨论判定表测试能够在多大程度上处理多缺陷假设问题。

10. 某电力公司有 A、B、C、D 四类收费标准，并规定：

居民用电 <100 度 / 月，按 A 类收费；

居民用电 ≥ 100 度 / 月，按 B 类收费；

动力用电 <10000 度 / 月，非高峰，B 类收费；

动力用电 ≥ 10000 度 / 月，非高峰，C 类收费；

动力用电 <10000 度 / 月，高峰，C 类收费；

动力用电 ≥ 10000 度 / 月，高峰，D 类收费。

请用因果图法设计测试用例。

11. 使用逻辑覆盖测试方法测试图 2-12 中的程序段。

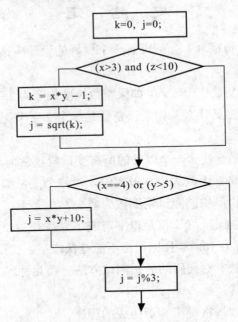

图2-12   思考题10程序流程图

12. 设计判别一个整数 $x(x \geqslant 2)$ 是否为素数的程序，并设计测试用例满足条件覆盖和基本路径覆盖。

第3章 常用软件测试管理工具

本章学习目标：

☞ 了解常用的测试管理工具；

☞ 熟练掌握缺陷管理工具；

☞ 熟练掌握测试管理工具；

☞ 能够合理有效选择并配置适合项目的测试管理平台。

　　测试过程的活动管理，包含创建和维护发布、项目周期、组件的信息，创建和维护测试每个特定版本的组件、周期，如测试需求、计划、测试用例等，建立测试的可跟踪性和覆盖率，度量收集、报告与图表之间的分析，进行 Bug 跟踪与缺陷管理，测试执行的过程支持和管理、捕获测试的执行状态等。合理地采用测试管理工具可以有效提高测试工作效率，测试人员或开发人员可以更方便地记录和监控每个测试活动、阶段的结果，找出软件的缺陷和错误，记录测试活动中发现的缺陷和改进建议。测试用例可以被多个测试活动或阶段复用，可以输出测试分析报告和统计报表。有些测试管理工具可以更好地支持协同操作，共享中央数据库，支持并行测试和记录，从而大大提高测试效率。本章主要介绍在搭建测试环境、开展测试工作中所必需的测试管理工具，其他自动化测试工具后面章节介绍。

3.1　缺陷管理工具

3.1.1　Bugzilla

　　Bugzilla 是 Mozilla 公司提供的一款共享的免费的产品缺陷记录及跟踪工具。Bugzilla 能够建立一个完善的 Bug 跟踪体系：报告 Bug、查询 Bug 记录并产生报表、处理解决 Bug 等。Bugzilla 是专门为 Unix 定制开发的，但是在 Windows 平台下依然可以成功安装使用。

　　Bugzilla 具有如下特点：

　　(1) 基于 Web 方式，安装简单，运行方便快捷。

　　(2) 缺陷信息详细，管理清楚。系统提供强大的后端数据库支持，能够提供全面详尽的报告输入项，产生标准化的 Bug 报告。提供大量的分析选项和强大的查询匹配能力，能根据各种条件组合进行 Bug 统计。当缺陷在它的生命周期中变化时，开发人员、测试人员以及管理人员将及时获得动态的变化信息，允许获取历史记录，并在检查缺陷的状态时参考这一记录。Bug 报告分类包括：待确认的 (Unconfirmed)、新提交的 (New)、已分配的 (Assigned)、问题未解决的 (Reopened)、待返测的 (Resolved)、待归档的 (Verified)、已归档的 (Closed)。Bug 处理意见包括：已修改的 (Fixed)、不是问题 (Invalid)、无法修改 (Wontfix)、以后版本解决 (Later)、保留 (Remind)、重复 (Duplicate)、无法重现 (Worksforme) 等。

(3) 系统具备强大的可配置能力。Bugzilla 工具可以对软件产品设定不同的模块，并针对不同的模块设定开发人员和测试人员。这样可以实现提交报告时自动发给指定的责任人，并可设定不同的小组，权限也可划分。设定不同的用户对 Bug 记录的操作权限不同，可有效进行控制管理。允许设定不同的严重程度和优先级。可以在缺陷的生命期中管理缺陷。从最初的报告到最后的解决，确保了缺陷不会被忽略。同时可以使注意力集中在优先级和严重程度高的缺陷上。

(4) 用户可配置通过 Email 公布 Bug 变更，系统自动发送 Email，通知相关人员。根据设定的不同责任人，自动发送最新的动态信息，有效地帮助测试人员和开发人员进行沟通。

访问主页 https://www.bugzilla.org/ 可以获得 Bugzilla 源码及技术支持；访问网站 https://bugzilla.mozilla.org/ 可以查看并提交 Mozilla 公司产品的缺陷，如图 3-1 和图 3-2 所示。

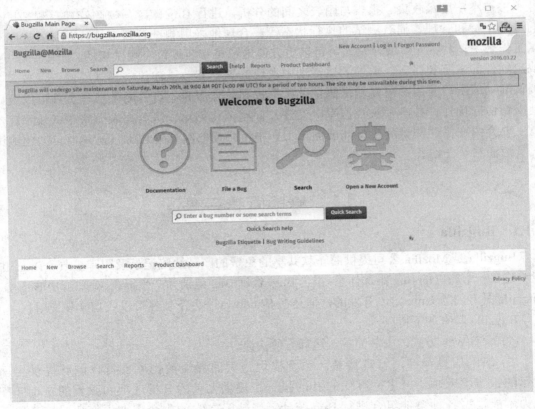

图3-1　系统启动界面

Bug List

https://bugzilla.mozilla.org/buglist.cgi?query_format=specific&order=relevance+desc&bug_status=__open__&product=&content=firefox&comments=0

This result was limited to 500 bugs. See all search results for this query.

ID	Product	Comp	Assignee	Status	Resolution	Summary	Changed
424898	Toolkit	Startup and Profile	nobody	UNCO	---	After initially launching Firefox via keyboard shortcut for Windows shortcut that points to Firefox executable, can't open new Firefox instance using any Windows shortcut that points to the Firefox executable	2016-02-28
1230600	Mozilla Localization	es-MX / Spanish (Mex	nobody	UNCO	---	The main page of firefox ES-MX shows a bad translation in the image for firefox os, the label says "Firefox móvil, en todos sitios". It should say "Firefox móvil, en todos los dispositivos".	2015-12-18
1158015	Firefox for Android	Testing		NEW	---	Intermittent testAboutPage | Waiting for and scrolling once to find item "About (Fennec|Nightly|Aurora|Firefox Beta|Firefox)$ - "About (Fennec|Nightly|Aurora|Firefox Beta|Firefox)$ found	2016-02-07
444915	Firefox	General	nobody	NEW	---	after closing Firefox, Firefox not listed in taskmanager and startup results in error message "Firefox is already running, but is not responding. To open a new window, you must first close the existing Firefox process, or restart your system."	2016-02-18
663704	Firefox	General	nobody	REOP	---	In Firefox Beta, Firefox Button Title wording should be changed from "Firefox" to "Beta"	2011-09-13
1211286	Core	Widget: Cocoa	nobody	NEW	---	Firefox application menu stops working on Mac OS 10.11, breaking quit, preferences, About Firefox, Hide Firefox, etc., including their shortcuts	2015-11-24
1253227	Firefox	Bookmarks & History	nobody	NEW	---	Bookmark "Help and Tutorials" in Mozilla Firefox folder should open https://support.mozilla.org/en-US/products/firefox instead of https://www.mozilla.org/en-US/firefox/help/ with 404 error	2016-03-03
1048392	Socorro	General	peterbe	ASSI	---	Clicking advanced search from a non-Firefox crash report assumes Firefox instead of the non-Firefox product	2014-08-12
1089732	Core	Graphics	nobody	UNCO	---	Hardware acceleration turned on while in "Options" is off. Forced in AMD Catalyst 14.9 under 3D settings "firefox.exe" adding to disable Crossfire for Firefox. Firefox 33.0.1	2015-01-26
1039570	bugzilla.mozilla.org	General	nobody	NEW	---	Automatic update of relnote-firefox, tracking-firefox-*, status-firefox-*, etc	2014-08-13
725243	Core	Widget: Win32	nobody	UNCO	---	When I close a Firefox window, instead of returning to the "calling" window, it reverts to the last open Firefox window (Firefox 10 on Windows XP)	2012-02-08
930539	Firefox	General	nobody	NEW	---	Remove "URL Protocol" from Firefox URL key by Firefox 24 Windows installer cause jump list pinned shortcut unusable if Firefox 24 is set to default browser then update to latest	2015-04-15
909294	Tracking	Firefox Sync	nobody	NEW	---	[story] As a Firefox for Android user, I want the option of setting up a new Firefox Account when I first install Firefox, so I can sync my browser data between my devices.	2013-09-05
247186	Toolkit	Startup and Profile	nobody	UNCO	---	starting firefox with a other user on the same x-session only forks firefox, even if it is not from the same user	2012-04-06
949074	Core	Layout: Form Control	nobody	NEW	---	Provide some sort of basic localization support for <input type=number> in Firefox for Android and Firefox OS	2015-09-15
335768	Core	Printing: Output	nobody	UNCO	---	Printing with CSS position:fixed elements broken in firefox 1.5 and 2.0, but OK in firefox 1.0.8	2013-12-17
356542	Firefox	Build Config	nobody	NEW	---	firefox shouldn't call the generic icon firefox, it confuses my understanding of the trademark	2008-03-21
966860	Tech Evangelism	Mobile	a.stevenson82	ASSI	---	hulu.com does not play video in Firefox on Android or Firefox OS	2016-02-01
450075	Core	Widget: Win32	nobody	NEW	---	With only Firefox open, Pressing alt-tab rapidly soon leads to the Firefox window disappearing	2009-02-01
470849	Plugins	Checkpoint Zonealarm	nobody	UNCO	---	Zonealarm: Firefox 3 stops loading pages; can't kill firefox.exe	2015-08-14
1091624	Core	Graphics	nobody	UNCO	---	More Flickering while scrolling in Firefox 31.0esr vs. Firefox 24.*esr over Citrix	2014-11-03
580517	Toolkit	XUL Widgets	nobody	UNCO	---	Firefox logo is distorted in the Firefox Update - "Checking Compatibility of Add-ons" window	2011-05-29
1147630	Core	Drag and Drop	nobody	NEW	---	dragging an image and closing firefox leaves image stuck to cursor and Firefox hang	2015-04-11

图3-2 缺陷列表

3.1.2 Mantis

Mantis 缺陷管理平台全称为 Mantis Bug Tracker，也称 MantisBT。Mantis 是一个轻量级开源缺陷跟踪系统，支持多种可运行 PHP 的平台，包括 Windows、Linux、Mac、Solaris 等，以 Web 操作的形式提供项目管理及缺陷跟踪服务。在功能上、实用性上足以满足中小型项目的缺陷管理及跟踪应用。

Mantis 的主要特点如下：

● 安装方便，支持多项目、多语言。

● 每一个项目设置不同的用户访问级别，权限设置灵活，不同角色有不同权限，每个项目可设为公开或私有状态，每个缺陷可设为公开或私有状态，每个缺陷可以在不同项目间移动。

● 提供全文搜索功能。

● 通过 Email 报告缺陷，用户可以监视特殊的 Bug，订阅相关缺陷状态邮件。

● 缺陷分析提供有各种缺陷趋势图和柱状图，内置报表生成功能。

- 支持输出格式包括 CSV、Microsoft Excel、Microsoft Word 等。
- 集成源代码控制 (SVN 与 CVS)。
- 支持多种数据库 (MySQL、MSSQL、PostgreSQL、Oracle、DB2)。
- 提供 Web Service(SOAP) 接口，提供 Wap 访问。
- 自定义缺陷处理工作流，流程定制方便且符合标准，满足一般的缺陷跟踪。

在线测试 Mantis 可访问网站 http://www.mantis.org.cn/mantis/my_view_page.php，运行如图 3-3 所示。

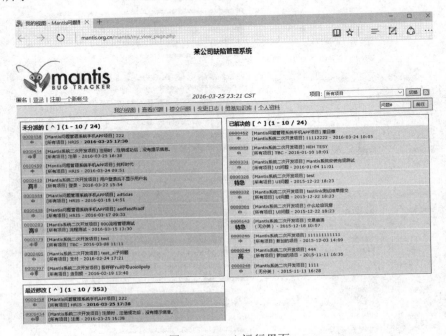

图3-3　Mantis运行界面

3.2　测试管理工具

3.2.1　TestLink

TestLink 是 Sourceforge 的开放源代码项目之一，是基于 Web 的免费测试用例管理系统，可对测试需求跟踪、测试计划、测试用例、测试执行、缺陷报告等进行完整的管理，并且还提供了对测试结果的统计和分析功能。

TestLink 的主要功能包括：

(1) 根据不同的项目管理不同的测试计划，测试用例、测试构建之间相互独立。

(2) 测试需求管理，通过超连接，可以将文本格式的需求、计划关联，也可以将测试用例和测试需求对应。

(3) 测试用例的创建和管理，测试用例可以导出为 csv、html 格式。

(4) 测试用例的执行，测试可以根据优先级指派给测试员，定义里程碑，可以设定执行测试的状态 (通过，失败，锁定，尚未执行)，失败的测试用例可以和 Bugzilla 中的 Bug 关联，每个测试用例执行的时候，可以填写相关说明。

(5) 测试用例对测试需求的覆盖管理。

(6) 测试计划的制定，同一项目可以制定不同的测试计划，然后将相同的测试用例分配给该测试计划，可以实现测试用例的复用、筛选。

(7) 测试数据的度量和统计，可以实现按照需求、按照测试计划、按照测试用例状态、按照版本等统计测试结果，测试结果可以导出为 Excel 表格。

TestLink 的官网下载地址为：http://www.testlink.org/。

TestLink 的基本安装步骤如下：

(1) 安装 Apache 服务器 (从官网 http://httpd.apache.org/ 下载)，若机器上已有其他 Web 服务器，或者 80 端口已经被占用的话，需要修改 Apache 配置文件 httpd.conf，将 80 端口改为其他端口，如 8080，重新运行安装程序。

(2) 安装 PHP(从官网 http://php.net/ 下载压缩包)。

(3) 安装 MySQL(从官网 http://dev.mysql.com/ 下载)。

(4) 安装 TestLink。

3.2.2　禅道

禅道是第一款国产的优秀开源项目管理软件。禅道在基于 SCRUM 管理方式基础上，又融入 Bug 管理、测试用例管理、发布管理、文档管理等。因此禅道不仅仅是一款测试管理软件，更是一款完备的项目管理软件。它集产品管理、项目管理、质量管理、文档管理、组织管理和事务管理于一体，完美地覆盖了项目管理的核心流程。

禅道首次将产品、项目、测试这三者的概念明确分开，产品人员、开发团队、测试人员，这三种核心的角色三权分立，互相配合，又互相制约，通过需求、任务、Bug 来进行交相互动，最终通过项目拿到合格的产品。其中产品经理整理需求，创建产品和需求；研发团队实现任务，由项目经理创建项目、确定项目所要做的需求，并分解任务指派到人；测试团队则负责测试、提交 Bug，保障产品质量。产品经理、开发团队、测试团队三者的关系如图 3-4 所示。

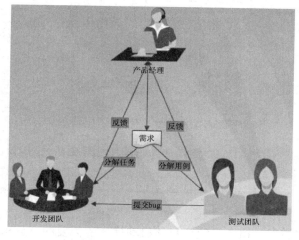

图3-4　禅道三种角色关系

禅道的功能如下：

(1) 产品管理：包括产品、需求、计划、发布、路线图等功能。

(2) 项目管理：包括项目、任务、团队、Build、燃尽图等功能。

(3) 质量管理：包括 Bug、测试用例、测试任务、测试结果等功能。

(4) 文档管理：包括产品文档库、项目文档库、自定义文档库等功能。

(5) 事务管理：包括 Todo 管理，我的任务、我的 Bug、我的需求、我的项目等个人事务管理功能。

(6) 组织管理：包括部门、用户、分组、权限等功能。

(7) 统计功能：丰富的统计表。

(8) 搜索功能：强大的搜索功能，帮助用户找到相应的数据。

(9) 灵活的扩展机制，几乎可以对禅道的任何地方进行扩展。

(10) 强大的 API 机制，方便与其他系统集成。

禅道的下载地址为：http://www.zentao.net/。

禅道的安装步骤如下所述。

(1) 从官网站点下载 Windows 集成运行环境，按最近版本下载，如：

http://sourceforge.net/projects/zentao/files/Pro5.1.3/ZenTaoPMS.Pro5.1.3.exe/download

(2) 双击解压缩到某一个分区的根目录，比如 c:\xampp，或者 d:\xampp，必须是根目录。

禅道的启动步骤如下所述。

(1) 进入 xampp 文件夹，双击 start.bat 启动控制面板程序，界面如图 3-5 所示。

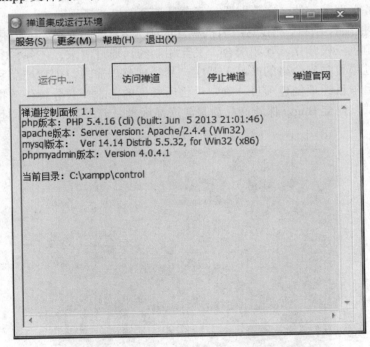

图3-5　禅道启动控制界面

(2) 点击"启动禅道"按钮，系统会自动启动禅道所需要的 Apache 和 MySQL 服务。

(3) 启动成功之后，点击"访问禅道"，即可打开禅道环境的首页，如图 3-6 所示，运行情况如图 3-7 所示。

图3-6 禅道启动首页

图3-7 禅道运行示例

3.2.3 Quality Center

Quality Center(QC) 的 前 身 为 Mercury Interactive 公 司 的 主 打 产 品 TestDirector。TestDirector 是业界第一个基于 Web 的测试管理系统,可以在公司内部或外部进行全球范围内的测试管理。通常在一个整体的应用系统中集成了测试管理的各个部分,包括需求管理、测试计划、测试执行以及错误跟踪等功能,极大地加速了测试过程。

2003 年 Mercury 公司开始将 TestDirector 迁移到 J2EE 平台,重构了整个软件的开发,因融入了 Mercury BTO 理念而重新命名为 Quality Center,它是 Mercury BAC 平台的重要组成部分。2006 年后 HP 公司收购 Mercury 公司,而成为 HP Quality Center。时至今日,仍然为业内最强大、使用最广泛的测试管理工具之一,可与 QTP、WinRunner、LoadRunner 等集成,也可与 MS Office、IBM Rational 等产品集成。

利用 HP Quality Center，可以实现如下功能：

(1) 制定可靠的部署决策。

(2) 管理整个质量流程并使其标准化。

(3) 降低应用程序部署风险。

(4) 提高应用程序质量和可用性。

(5) 通过手动和自动化功能测试管理应用程序变更影响。

(6) 确保战略采购方案中的质量。

(7) 存储重要应用程序的质量项目数据。

(8) 针对功能和性能测试面向服务的基础架构服务。

(9) 确保支持所有环境，包括 J2EE、.NET、Oracle 和 SAP。

QC 进行测试管理主要包括四个部分：

(1) 明确需求：对接收的需求进行分析，得出测试需求。

(2) 创建测试计划：根据测试需求创建测试计划，分析测试要点及设计测试用例。

(3) 执行测试：在测试运行平台上创建测试集或者调用执行测试计划中的测试用例。

(4) 跟踪缺陷：报告应用程序中的缺陷并且记录下整个缺陷的修复过程。

实际上，Quality Center 是一个质量保证平台。它将一个项目测试周期细分成了各个模块，把各个阶段集成到统一的平台上来，通过模块与模块之间的联系来控制项目测试流程的执行，以达到保证项目质量的目的。测试执行者和监督者可以在同一个平台上操作，按照统一的标准进行测试工作，也方便了项目各个阶段的沟通、评审、检查，提高了工作效率。

3.2.4　Test Center

Test Center 是泽众软件出品的面向测试流程和测试用例库的测试管理工具，它可以实现测试用例的过程管理，对测试需求过程、测试用例设计过程、业务组件设计实现过程等整个测试过程进行管理；它实现了测试用例的标准化，即每个测试人员都能够理解并使用标准化后的测试用例，降低了测试用例对个人的依赖；提供测试用例复用，用例和脚本能够被复用，以保护测试人员的资产；提供可伸缩的测试执行框架，提供自动测试支持；提供测试数据管理，帮助用户统一管理测试数据，降低测试数据和测试脚本之间的耦合度。

Test Center 提供的管理内容主要包括：

(1) 测试需求管理。支持测试需求树，树的每个节点是一个具体的需求，也可以定义子节点作为子需求。每个需求节点都可以对应到一个或者多个测试用例。

(2) 测试用例管理。测试用例允许建立测试主题，通过测试主题来过滤测试用例的范围，实现有效的测试。

(3) 测试业务组件管理。支持软件测试用例与业务组件之间的关系管理，通过测试业务组件和数据"搭建"测试用例，实现了测试用例的高度可配置和可维护性。

(4) 测试计划管理。支持测试计划管理、测试计划多次执行（执行历史查看）、测试需求范围定义、测试集定义。

(5) 测试执行。支持测试自动执行（通过调用测试工具）；支持在测试出错的情况下执行错误处理脚本，保证出错后的测试用例脚本能够继续被执行。

(6) 测试结果可通过日志查看。具有截取屏幕的日志查看功能。

(7) 测试结果分析。支持多种统计图表，比如需求覆盖率图、测试用例完成的比例分析图、业务组件覆盖比例图等。

(8) 缺陷管理。支持从测试错误到曲线的自动添加与手工添加；支持自定义错误状态、自定义工作流的缺陷管理过程。

Test Center 的官网下载地址为：http://www.spasvo.com/Products/TestCenter.asp。

3.2.5 IBM Test Manager

IBM Rational Test Manager 是重量级的软件测试管理工具。它从一个独立的、全局的角度对于各种测试活动进行管理和控制，让测试人员可以随时了解需求变更对测试压力的影响，通过针对一致目标而进行测试与报告提高团队生产力。

Test Manager 是一个开放的可扩展的构架，可以单独购买或作为其他 Rational 包的一部分。当与其他的 Rational 产品一起安装时，它会与那些产品紧紧地结合在一起。它相当于一个控制中心，跨越整个测试周期。测试工作中的所有负责人和参与者能够定义和提炼他们将要达到的质量目标。而且，它提供给整个项目组一个及时的在任何过程点上去判断系统状态的地方。图 3-8 所示为 Rational 系统的测试方案。

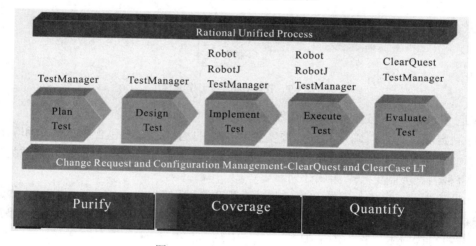

图3-8　Rational系统的测试方案

图 3-8 中，Rational Purify 是一种基于动态分析方法的白盒测试工具，面向 VC、VB 或者 Java 开发，测试 Visual C/C++ 和 Java 代码中与内存有关的错误，确保整个应用程序的质量和可靠性。

Rational Robot 既可用于功能测试又可用于性能测试。可以对客户端 / 服务器应用程序进行功能测试，支持缺陷检测，包括测试用例和测试管理，并支持多项用户界面 (UI) 技术。

ClearQuest 是 IBM Rational 提供的缺陷及变更管理工具。它对软件缺陷或功能特性等任务记录提供跟踪管理。并且提供了查询定制和多种图表报表，每种查询都可以定制，以实现不同管理流程的要求。

从图 3-8 可以看出，Test Manager 工作流程支持 RUP 定义的 5 个主要的测试活动。这些活动的每一个都与测试资产有输入和输出的交互，如图 3-9 所示。

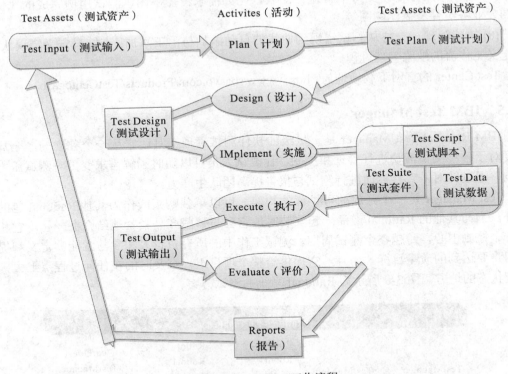

图3-9　Test Manager工作流程

这是一个软件工程过程，具体流程分析如下：

(1) 制定测试计划。确定和描述要实施和执行的测试，生成包含测试需求和测试策略的测试计划。可以制定一个单独的测试计划用于描述所有实施和执行的不同测试类型，也可以为每种测试类制定一个测试计划。

(2) 设计测试。确定、描述和生成测试过程和测试用例。

(3) 实施测试。实施（记录、生成或编写）设计测试中定义的测试。输出工件是测试过程的计算机可读版本，称为测试脚本。

(4) 执行测试。确保整个系统按既定意图运行。系统集成员在各迭代中编译并链接系统。每一迭代都需要测试增加的功能，并重复执行以前版本测试过的所有测试用例。

(5) 评估测试。生成并交付测试评估摘要。通过复审并评估测试结果，确定并记录变更请求，计算主要测试评测方法。测试评估摘要要以组织有序的格式提供测试结果和主要测试评测方法，用于评估测试对象和测试流程的质量。

3.2.6　Microsoft Test Manager

Microsoft Test Manager(MTM，微软测试管理器）是微软 Visual Studio 2010 以上版本为测试人员提供的一个集成测试环境。它集成了测试人员常用的功能，包括：创建测试计划、管理测试用例、执行测试用例、快速执行测试用例、创建 Actionable Bug、验证修复的 Bug、关闭 Bug、编写 Bug 报告等。MTM 的后台就是 Team Foundation Server，其数据全部存储在 TFS 上，所以开发人员也可以通过 Visual Studio IDE 访问全部的数据，TFS 是开发和测试有效的平台，不仅是数据共享的平台，更是协作流程的有效规划平台。

从微软官网可以获得详细的帮助信息。下面为 Visual Studio 2010 提供的测试管理器的主要功能：

(1) 定义测试工作。可以创建测试计划、测试套件、测试配置和测试用例，从而定义所需的测试。指定必须在每个测试配置上运行的测试套件。这些测试项目是团队项目的一部分。然后，可以选择要从测试计划运行的测试。

(2) 创建和运行手动测试。可以使用测试管理器创建包含各个测试步骤的测试用例。每个手动测试步骤包括要执行的操作，并可以指定预期结果。可以运行这些测试，并在对受测应用程序执行这些操作时，将每一步骤标记为通过或未通过。还可以创建多个测试用例共有的共享步骤，以减少创建测试步骤所需的时间以及日常维护成本。

(3) 录制手动测试步骤以供播放。可以创建对手动测试用例所执行操作的录制。可以播放此操作录制以在手动测试中快进至特定步骤从而验证是否已修复某个 Bug，或者可以在运行测试时使用它来快进以节省时间。

(4) 自动 UI 测试。可以使用新自动化库创建自动 UI 测试。可以导入操作录制，并生成表示 UI 控件的代码，也可以查找 UI 控件并对它们执行这些操作。可以添加验证代码，以验证受测应用程序是否正常运行。

(5) 创建测试所需的环境。可以创建定义运行特定应用程序所需的角色集以及用于每一角色的计算机的物理环境和虚拟环境。物理环境使用与 Team Foundation Server 关联的测试代理控制器和测试代理来远程运行测试并收集数据。可以使用 Visual Studio 实验室管理工具版创建用于部署和测试应用程序的虚拟环境。可以使用 Hyper-V 创建虚拟机，并使用 Systems Center Virtual Machine Manager 同时管理虚拟机和机器模板库。创建测试计划时，可以选择要使用的环境和计算机。

(6) Bug 描述。在测试时收集诊断数据并将收集的数据轻松地添加到 Bug 中，供开发人员用于重新创建并解决该问题的详细信息。运行手动测试时，可以选择录制测试用例视频，或将操作记录到日志文件中或创建操作录制。运行测试时，可以添加注释、屏幕快照和其他文件。还可以收集诊断跟踪数据(称为 IntelliTrace 数据)、代码覆盖率数据或测试影响分析数据用于测试。可以让计算机模拟特定网络，也可以创建自定义的诊断数据适配器。此数据随测试结果一起保存。

(7) 查找基于代码更改要重新运行的测试。可以比较生成以查看基于受测应用程序的更改，以及要重新运行的测试。

(8) 查看报告以帮助跟踪测试进度。可以查看与测试用例准备情况以及测试计划的测试进度相关的报告。

(9) 使用测试类别分组自动测试。可以使用测试类别分组自动测试。对于分组测试以及选择要运行哪些测试，测试类别比测试列表具有更大的灵活性。

(10) 测试应用程序的性能和压力。可以使用负载测试来确定应用程序如何响应各种级别的使用情况。负载测试可以包含单元测试和 Web 性能测试。负载测试的主要目的是模拟许多用户同时访问一台服务器的情况。负载测试用于获得应用程序的压力和性能数据。可以将负载测试配置为模拟各种负载情况，如用户负载和网络类型。

市场上其他的软件测试管理工具还有 QADirector(Compuware)、QATraq(开源组织)等。

总的来说，测试工具的应用可以提高测试的质量、测试的效率。但是在选择和使用测试工具的时候，应该看到，在测试过程中，并不是所有的测试工具都适合使用，必须根据公司或者项目的实际情况合理选择测试工具。

思 考 题

1. 结合自己的实践理解什么是测试用例和测试规程。

2. 开源的测试管理解决方案有很多种，请为自己的项目组选择测试管理平台，并说明采用的理由。

3. 试比较 Excel、Word、Wiki、TestLink 等工具在测试用例管理方面各自的优势、不足和适用性。

第二部分

Web 应用系统测试实践

★ 实践是检验真理的唯一标准。

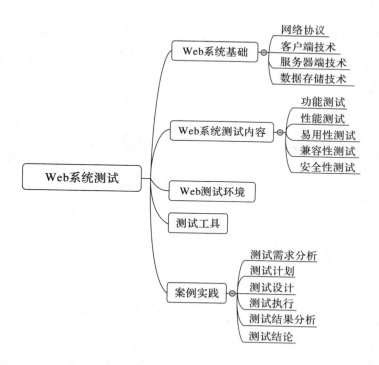

第4章　Web 应用系统测试概述

本章学习目标：

☞ 全面了解 Web 系统；

☞ 掌握 Web 系统测试必需的知识储备；

☞ 掌握 Web 系统测试流程；

☞ 掌握 Web 系统测试内容。

4.1　Web 应用系统基础

Web 应用系统是一种可以通过 Web 访问的应用程序，是 Internet 上集文本、声音、动画、视频等多种媒体信息于一身的信息服务系统。

典型的 Web 系统主要由服务器、浏览器及通信协议等部分组成。浏览器端提供用户的交互界面并负责将用户的请求 (Request) 发送给服务器端，服务器端处理浏览器的各类请求并将响应 (Response) 返回给浏览器端，请求的发送和响应的接收使用标准的 HTTP 协议 (HyperText Transfer Protocol，即超文本传输协议)，它基于 TCP/IP 协议之上、是 Web 浏览器和 Web 服务器之间的应用层协议，是通用的、无状态的、面向对象的协议，可以传输任意类型的数据对象。

图 4-1 所示为典型的 Web 系统 B/S 架构图。

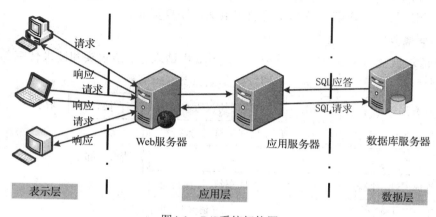

图4-1　B/S系统架构图

表示层，也称界面层，主要表示 Web 方式，即将用户的请求进行发送，以及接收数据的返回，为客户端提供应用程序的访问。

应用层，也称业务逻辑层，是对于数据业务逻辑处理，针对具体的问题的操作，也可以理解成对数据层的操作。

数据层，是对数据的操作，对非原始数据 (数据库或者文本文件等存放数据的形式) 的操作层，为业务逻辑层或表示层提供数据服务。

Web 上可用的每种资源，包括 HTML 文档、图像、视频片段、程序等，由 URI (Universal Resource Identifier, 即通用资源标志符) 进行定位。

用户通过 URL(Uniform Resoure Locator，即统一资源定位器) 对服务器资源进行访问。基本 URL 包含模式 (或称协议)、服务器名称 (或称 IP 地址)、端口号和文件名，可写为 scheme://host[:Port][/path]。其中：

- scheme 代表协议类型，告诉浏览器如何处理将要访问的文件，如 http、https、ftp 等。
- host 代表主机名，可以是域名，也可以是 IP 地址。
- port 代表端口号，Web 服务器开放的端口号由 TCP/IP 协议决定。
- path 代表将要访问的资源在服务端的位置，即服务器端被访问的文件路径。

需要的话，URL 中还可能有附加的地址参数等。

4.1.1　Web 网络协议

所有的 WWW 文件都必须遵守 HTTP 协议标准，著名的 RFC 2616 定义了 HTTP 1.1。

HTTP 是一个客户端和服务器端请求和应答的标准，属于应用层的面向对象的协议，由于其简捷、快速的方式，适用于分布式超媒体信息系统。HTTP1.1 为当前版本，默认采用持久连接，能很好地配合代理服务器工作，并支持以管道方式同时发送多个请求，以便降低线路负载，提高传输速度。

通常，由 HTTP 客户端发起一个请求，建立一个到服务器指定端口 (默认是 80 端口) 的 TCP 连接，HTTP 服务器则在那个端口监听客户端发送过来的请求；客户端发送 HTTP 请求报文 (Request)；一旦收到请求，服务器响应请求生成结果，向客户端发回一个状态行和响应 (Response) 的消息，消息的消息体可能是请求的文件、错误消息或者其它一些信息；服务器端关闭连接，客户端解析回发的响应报文，恢复页面。

1. HTTP 请求

HTTP 请求报文向 Web 服务器请求一个动作，由请求行、请求头和请求体三部分组成，其结构如下：

请求方法	空格	URL	空格	协议版本	回车符	换行符	请求行
头部属性字段名	:	值	回车符	换行符			请求头部
...							
头部属性字段名	:	值	回车符	换行符			
回车符	换行符	(请求头结束)					
							请求数据

1) 请求方法

HTTP 协议的请求方法有 GET、POST、HEAD、PUT、DELETE、OPTIONS、TRACE、CONNECT。最常见的是 GET 和 POST 方法。

GET 方法是从服务器端取得资源，要求服务器将 URL 定位的资源放在响应报文的数据部分，回送给客户端。请求的正文为空，请求的参数和对应的值附加在 URL 后面，利用 "？" 代表 URL 的结尾与请求参数的开始，传递参数长度受限制。

POST 方法向服务器端提交数据。请求的参数封装在 HTTP 请求数据中，以名称/值的形式出现，可以允许客户端传输大量数据给服务器，对传送的数据大小没有限制，而且也不会显示在 URL 中。因此，POST 方式大多用于页面的表单中。

2) 请求头

HTTP 请求头由头部属性或关键字/值对组成，每行一对，用英文冒号 "：" 分隔，用于通知服务器有关于客户端请求的一些附属信息，典型的属性有：

- Accept：告诉服务器端客户端可识别的响应类型。
- User-Agent：产生请求的浏览器类型。
- Accept-Encoding：告诉服务器端客户端所支持的压缩编码方式。
- Host：请求的主机名，允许多个域名同处一个 IP 地址，即虚拟主机。
- Cache-Control：对响应内容在客户端缓存的控制。
- Cookie：客户端的 Cookie。

利用网络监听工具(如 Httpwatch、IE11 和 Chrome 的开发人员工具、FireFox 的 FireBug 插件等)，可以获得诸如图4-2所示的信息。

请求标头	请求正文	响应标头	响应正文	Cookie	发起程序	计时
键	**值**					
请求	GET /opensns/ HTTP/1.1					
Accept	text/html, application/xhtml+xml, */*					
Accept-Language	zh-CN					
User-Agent	Mozilla/5.0 (Windows NT 6.1; WOW64; Trident/7.0; rv:11.0) lik...					
Accept-Encoding	gzip, deflate					
Host	127.0.0.1					
Connection	Keep-Alive					
Cache-Control	no-cache					
Cookie	PHPSESSID=2mor3pd7gunjvci6ba73adqq17					

图4-2 HTTP请求头示例

2. HTTP 响应

HTTP 响应报文会将请求的结果返回给客户端。它由响应行、响应头和响应体三部分组成，其格式结构与 HTTP 请求类似，其中：

响应行包括报文协议及版本、状态码及状态描述；

响应头也是由多个属性或关键字/值对组成；

响应报文体即响应正文；

状态代码表示客户端本次请求的处理结果，由三位数字组成，第一个数字定义了响应的类别，如表 4-1 所示，更详细的信息可以参见本书附录。

表 4-1　状 态 码 分 类

状态码范围	已定义范围	类　别
100～199	100～101	信息提示
200～299	200～206	请求成功
300～399	300～305	重定向
400～499	400～415	客户端错误
500～599	500～505	服务器端错误

响应的具体示例信息如图 4-3 所示。

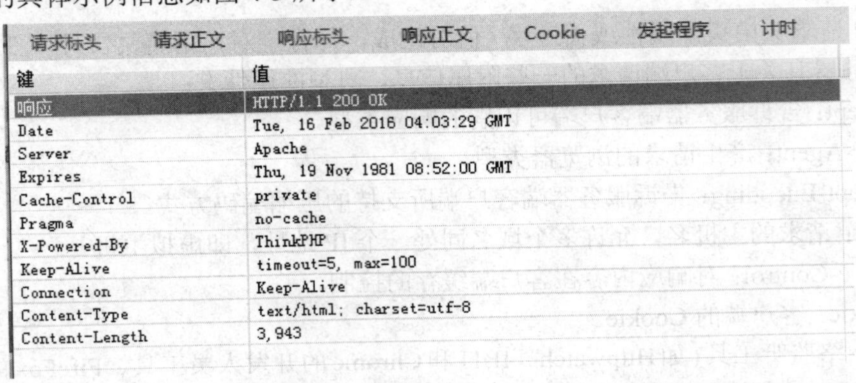

图4-3　HTTP响应信息示例

3. Session 和 Cookie

HTTP 协议本身是无状态的，为了解决在客户端与服务器之间保持状态或记录客户端行为，以便服务器端能够快速响应客户端的某些请求，先后出现了 Cookie 和 Session 机制。

因此，需要重点理解 Web 系统中的 Session 和 Cookie 两个概念，它们有可能成为被攻击的一种途径。

1) Session 方法

Session 在网络中称为"会话控制"。Session 对象存储特定用户会话所需的信息，是用于保持状态的基于 Web 服务器的方法。

Session 允许通过将对象存储在 Web 服务器的内存中在整个用户会话过程中保持任何对象：当用户在应用程序的 Web 页之间跳转时，存储在 Session 对象中的变量将不会丢失，而是在整个用户会话中一直存在下去；当用户请求来自应用程序的 Web 页时，如果该用户还没有会话，则 Web 服务器将自动创建一个 Session 对象；当会话过期或被放弃后，服务器将终止该会话。

需要注意的是，一个 Session 包括特定的客户端、特定的服务器端以及不中断的操作时间。A 用户和 C 服务器建立连接时所处的 Session 同 B 用户和 C 服务器建立连接时所处的 Session 是两个不同的 Session。也就是说，访问 Web 应用程序的每个用户都会生成一个单独的 Session 对象，每个 Session 对象的持续时间是用户访问的时间加上不活动的时间。

简单关闭浏览器并不会导致 Session 被删除。服务器为 Seesion 设置了一个失效时间，当距离客户端上一次使用 Session 的时间超过这个失效时间时，服务器就可以认为客户端已经停止了活动，才会把 Session 删除以节省存储空间。因此，随着越来越多的用户登录，Session 所需要的服务器内存量也会不断增加，因此会影响到服务器的可伸缩性。

2) Cookie 方法

Cookie 是指某些网站为了辨别用户身份、进行 Session 跟踪而储存在用户本地终端上的数据 (通常经过加密)。服务器通过在 HTTP 的响应头中加上一行特殊的指示以提示浏览器按照指示生成相应的 Cookie，纯粹的客户端脚本如 JavaScript 或者 VBScript 也可以生成 Cookie。Cookie 的内容主要包括名字、值、过期时间、路径和域。

Cookie 的使用是由浏览器按照一定的原则在后台自动发送给服务器的。浏览器检查所有存储的 Cookie，如果某个 Cookie 所声明的作用范围大于等于将要请求的资源所在的位置，则把该 Cookie 附在请求资源的 HTTP 请求头上发送给服务器。

Cookie 可以保持登录信息到用户下次与服务器的会话，在一台计算机中安装多个浏览器，每个浏览器都会在各自独立的空间存放 Cookie。Cookie 中不但可以确认用户，还能包含计算机和浏览器的信息，所以一个用户用不同的浏览器登录或者用不同的计算机登录，都会得到不同的 Cookie 信息，另一方面，对于在同一台计算机上使用同一浏览器的多用户群，Cookie 不会区分他们的身份，除非他们使用不同的用户名登录。

Cookie 包含了一些敏感信息，如用户名、计算机名、使用的浏览器和曾经访问的网站等隐私信息，因此容易被窃取而造成安全威胁。

4.1.2 Web客户端

Web 客户端主要指 Web 浏览器 (Browser)。其主要功能是将用户向服务器请求的 Web 资源呈现出来，显示在浏览器窗口中。资源通常有 html、pdf、image 及其他格式。目前主流的 Web 页面浏览器有：微软的 IE、Mozilla 的 Firefox、苹果公司的 Safari、Google 的 Chrome 及 Opera 软件公司的 Opera。

浏览器的主要组件包括用户界面 (User Interface)、浏览器引擎 (Browser Engine)、渲染引擎 (Rendering Engine)、网络 (Networking)、UI 后端 (UI Backend)、JS 解释器 (JavaScript)、数据存储 (Data Persistence) 等，如图4-4 所示。

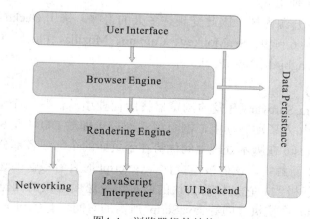

图4-4　浏览器组件结构

Web 客户端技术主要指用来描述在浏览器中显示的页面，以及利用 JavaScript 技术对页面进行控制，与服务端进行通信等。其核心技术是页面渲染引擎，也称样板引擎、浏览器内核。它负责取得网页的内容 (HTML、XML、图像等)、整理信息 (例如加入 CSS 等)，以及计算网页的显示方式，然后输出至显示器或打印机。所有网页浏览器、电子邮件客户端以及其它需要根据表示性的标记语言 (Presentational markup) 来显示内容的应用程序都需要页面渲染引擎。

渲染引擎首先通过网络获得所请求文档的内容，然后解析 html 以构建 dom 树，构建 render 树，布局 render 树，最后绘制 render 树。这个过程是逐步完成的，解析完一部分内容就显示一部分内容，尽可能早地将内容呈现到屏幕上，并不会等到所有的 html 都解析完成之后再去构建和布局 render 树。

不同的浏览器内核对网页编写语法的解析也有所不同，因此同一网页在不同的内核浏览器里的渲染、展示效果也不同。目前主流的四大渲染引擎分别是 Trident、Gecko、WebKit 及 Presto。

1. Trident(Internet Explorer)

Trident，又称为 MSHTML，是微软开发的一种排版引擎，在 1997 年 10 月与 IE4 一起诞生，一直在被不断地更新和完善。Trident 引擎被设计成一个开放的软件模块，使得其他软件开发人员很容易将网页浏览功能加到他们自行开发的应用程序里，其接口内核设计相当成熟，因此涌现出许多采用 IE 内核而非 IE 的浏览器，但是 Trident 只能用于 Windows 平台。

使用 Trident 渲染引擎的浏览器包括 IE、傲游、世界之窗浏览器、Avant、腾讯 TT、Sleipnir、GOSURF、GreenBrowser、KKman 等。

2. Gecko(Mozilla Firefox)

Gecko 是由网景通讯公司开发、Mozilla 基金会维护的开放源代码、以 C++ 编写的网页排版引擎，目前被 Mozilla 家族网页浏览器以及 Netscape 6 以后版本浏览器所使用。Gecko 排版引擎提供了一个丰富的程序界面以供与互联网相关的应用程序使用，例如网页浏览器、HTML 编辑器、客户端 / 服务器等。Gecko 支持跨平台，可以在 Windows、BSD、Linux 和 Mac OS X 中使用。

由于 Gecko 是个开源内核，因此受到许多人的青睐，采用 Gecko 内核的浏览器也很多，有 Firefox、网景 6 ～ 9、SeaMonkey、Camino、Mozilla、Flock、Galeon、K-Meleon、Minimo、Sleipni、Songbird、XeroBank 等。

3. Presto(Opera)

Presto 是由 Opera Software 开发的浏览器排版商业引擎，是一个动态内核，供 Opera 7.0 及以上使用。它加入了动态功能，网页或其部分可随着 DOM 及 Script 语法的事件而重新排版。因此，Presto 在脚本处理上的优势在于页面的全部或者部分都能够在回应脚本事件时等情况下被重新解析。该内核在执行 JavaScript 时有着最快的速度，其特点就是渲染速度的优化达到了极致，它是目前公认的网页浏览速度最快的浏览器内核，根据同等条件下的测试，Presto 内核执行同等 JavaScript 所需的时间仅有 Trident 和 Gecko 内核的约 1/3。然而代价是牺牲了网页的兼容性，Opera 以外较少浏览器使用 Presto 内核。这在一定程度上限制了 Presto 的发展。

4. WebKit(Google Chrome 和 Apple Safari)

WebKit 是一个开放源代码的浏览器引擎 (Web Browser Engine)。它的特点在于源码结构清晰、渲染速度极快。主要代表产品有 Safari 和 Google 的浏览器 Chrome。

WebKit 内核在手机上的应用也十分广泛，例如 Google 的 Android 平台浏览器、Apple 的 iPhone 浏览器、Nokia S60 浏览器等所使用的浏览器内核引擎，都是基于 WebKit 引擎的。WebKit 内核也广泛应用于 Widget 引擎产品，包括中国移动的 BAE、Apple 的 Dashboard 以及 Nokia WRT 在内采用的均为 WebKit 引擎。

综上所述，在 Web 系统兼容性测试时，应该尽量考虑覆盖这四大渲染引擎所代表的主流浏览器的兼容性。

另一方面，为提高网站性能，前端设计应遵循 YSlow-23 条规则。YSlow 是雅虎基于网站优化规则推出的 Chrome 扩展，以帮助开发人员分析并优化网站性能，也可以使测试人员优化测试脚本，清晰分析系统性能。其主要规则有：

(1) 减少 HTTP 请求次数。合并图片、CSS、JS，改进首次访问用户的等待时间。

(2) 使用 CDN。遵循原则：

　　就近缓存 ==> 智能路由 ==> 负载均衡 ==>WSA 全站动态加速

(3) 避免空的 src 和 href。

当 link 标签的 href 属性为空、script 标签的 src 属性为空的时候，浏览器渲染的时候会把当前页面的 URL 作为它们的属性值，从而把页面的内容加载进来作为它们的值。

(4) 为文件头指定 Expires。这样可使内容具有缓存性，避免了接下来的页面访问中不必要的 HTTP 请求。

(5) 使用 gzip 压缩内容。压缩任何一个文本类型的响应，包括 XML 和 JSON，都是值得的。

(6) 把 CSS 放到顶部。

(7) 把 JS 放到底部，防止 JS 加载对之后资源造成阻塞。

(8) 避免使用 CSS 表达式。

(9) 将 CSS 和 JS 放到外部文件中。这样做的目的是缓存，但有时候为了减少请求，也会直接将其写到页面里，这需根据 PV 和 IP 的比例权衡。

(10) 权衡 DNS 查找次数。减少主机名可以节省响应时间，但同时需要注意，减少主机会减少页面中并行下载的数量。

IE 浏览器在同一时刻只能从同一域名下载两个文件。当在一个页面显示多张图片时，IE 用户的图片下载速度就会受到影响。

(11) 精简 CSS 和 JS。

(12) 避免跳转。

● 同域：注意避免反斜杠 "/" 的跳转；

● 跨域：使用 Alias 或者 mod_rewirte 建立 CNAME(保存域名与域名之间关系的 DNS 记录)。

(13) 删除重复的 JS 和 CSS。重复调用脚本除了增加额外的 HTTP 请求外，多次运算也会浪费时间。在 IE 和 Firefox 中不管脚本是否可缓存，它们都存在重复运算 JavaScript

的问题。

(14) 配置 ETags。它用来判断浏览器缓存里的元素是否和原来服务器上的一致，比 last-modified date 更具有弹性。例如某个文件在 1 秒内修改了 10 次，ETags 可以综合 Inode(文件的索引节点 (inode) 数)、MTime(修改时间) 和 Size 来精准地进行判断，避开 Unix 记录 MTime 只能精确到秒的问题。服务器集群使用，可取后两个参数。使用 ETags 可以减少 Web 应用带宽和负载。

(15) 可缓存的 AJAX。"异步"并不意味着"即时"，AJAX 并不能保证用户不会在等待异步的 JavaScript 和 XML 响应上花费时间。

(16) 使用 GET 来完成 AJAX 请求。当使用 XMLHttpRequest 时，浏览器中的 POST 方法是一个"两步走"的过程：首先发送文件头，然后才发送数据。因此使用 GET 获取数据时更加有意义。

(17) 减少 DOM 元素数量。考虑一下：是否存在一个更为贴切的标签可以使用？

(18) 避免 404。有些站点把 404 错误响应页面改为"你是不是要找 ***"，这虽然改进了用户体验但是同样也会浪费服务器资源 (如数据库等)。最糟糕的情况是指向外部 JavaScript 的链接出现问题并返回 404 代码。首先，这种加载会破坏并行加载；其次，浏览器会把试图在返回的 404 响应内容中找到可能有用的部分当作 JavaScript 代码来执行。

(19) 减少 Cookie 的大小。

(20) 使用无 Cookie 的域，比如图片 CSS 等。Yahoo! 的静态文件都在主域名以外，客户端请求静态文件的时候，减少了 Cookie 的反复传输对主域名的影响。

(21) 不要使用滤镜。

(22) 不要在 HTML 中缩放图片。

(23) 缩小 favicon.ico 并缓存。

4.1.3 Web服务器端

Web 服务器的基本功能就是提供 Web 信息浏览服务。它主要支持 HTTP 协议，监听客户端请求，处理客户端请求，并向客户端返回响应。服务器端可以使用 ASP、PHP、JSP、Ruby 等脚本语言。它需要安装脚本引擎，以解释执行用户的程序文本，并译成计算机能执行的机器代码，以此来完成一系列的功能。

主流的 Web 服务器有：

• Apache：这是 Apache 软件基金会 (Apache Software Foundation) 的一个开放源码的网页服务器，可以运行在几乎所有广泛使用的计算机平台上，由于其跨平台和安全性被广泛使用，是最流行的 Web 服务器端软件之一。它快速、可靠并且可通过简单的 API 扩充，将 Perl/Python 等解释器编译到服务器中。腾讯、优酷等网站即使用 Apache 服务器。

• IIS(Internet Information Server，互联网信息服务)：这是 Microsoft 公司提供的基于运行 Microsoft Windows 的互联网基本服务。

• Nginx：是一款轻量级的 Web 服务器和反向代理服务器以及电子邮件 (IMAP/POP3/SMTP) 代理服务器，并在一个 BSD-like 协议下发行。由俄罗斯的程序设计师 Igor Sysoev 所开发，供俄国大型的入口网站及搜索引擎 Rambler 使用。其优势在于占有内存少，并发能力强，中国大陆淘宝、网易、有道等使用 Nginx 服务器。

- **Google**：这是谷歌自主开发的 Web 服务器。

- **Tomcat**：这是 Apache 软件基金会 Jakarta 项目中的一个核心项目，由 Apache、Sun 和其他一些公司及个人共同开发而成。它是一个免费的开放源代码的 Web 应用服务器，属于轻量级应用服务器，在中小型系统和并发访问用户不是很多的场合下被普遍使用，是开发和调试 JSP 程序的首选。

- **Lighttpd**：这是一个德国人领导开发的开源 Web 服务器软件，具有非常低的内存开销、CPU 占用率低、效能好等特点，支持 FastCGI、CGI、Auth、输出压缩 (Output Compress)、URL 重写、Alias 等重要功能。

图 4-5 所示是 Netcraft 连续统计收到的调查网站数量，2016 年 1 月参与调查的网站数量为 906 616 188 家。

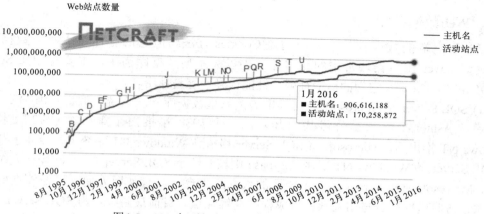

图4-5　1995年8月至2016年1月统计的所有网站数

根据 Netcraft 最新数据显示，在全球主流 Web 服务器市场份额中，Apache、IIS 仍占有很大的市场优势，如图 4-6 所示。

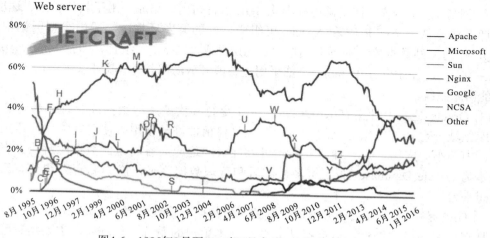

图4-6　1995年8月至2016年1月全球Web服务器市场份额

Web 服务器端还有其他应用服务器，用于为应用程序提供安全、数据、事务支持、负载平衡、大型分布式系统管理等服务的运行环境。通俗地讲，Web 服务器专门处理 HTTP

请求,而应用程序服务器是通过很多协议来为应用程序提供商业逻辑(Business Logic)服务。常见的应用服务器有 IBM 的 WebSphere 和 Oracle 的 WebLogic 等。

WebSphere 是一个模块化的平台,基于业界支持的开放标准,包含了编写、运行和监视全天候的工业强度的随需应变 Web 应用程序和跨平台、跨产品解决方案所需要的整个中间件基础设施,如服务器、服务和工具。可以在许多平台上运行,包括 Intel、Linux 和 Z/OS。可用于企业开发、部署和整合新一代的电子商务应用,如 B2B,并支持从简单的网页内容发布到企业级事务处理的商业应用。

WebLogic 是美国 Oracle 公司出品的一个 Java 应用服务器,将 Java 的动态功能和 Java Enterprise 标准的安全性引入大型网络应用的开发、集成、部署和管理之中,可用于开发、集成、部署和管理大型分布式 Web 应用、网络应用和数据库应用。

4.1.4 Web数据存储

Web 客户端的数据存储,通用的是 Cookies 方法。但它的存储量太小,数据访问不够灵活。Web 服务器端常用的数据存储仍以关系型数据库为主,主要有 SQL Server、MySQL 和 Oracle 等。它们的适应性强,性能优异,容易使用。

(1) SQL Server 是 Microsoft 公司推出的关系型数据库管理系统。最初是由 Microsoft、Sybase 和 Ashton-Tate 三家公司共同开发的,于 1988 年推出了第一个 OS/2 版本。在 Windows NT 推出后,Microsoft 将 SQL Server 移植到 Windows NT 系统上,专注于开发推广 SQL Server 的 Windows NT 版本。Sybase 则较专注于 SQL Server 在 Unix 操作系统上的应用。Microsoft SQL Server 是一个全面的数据库平台,具有使用方便、可伸缩性好、安全可靠、访问速度快、与相关软件集成程度高等优点。目前最新版本为 SQL Server 2014,使用跨 OLTP、数据仓库、商业智能和分析的高性能 In-memory 技术来构建任务关键型应用程序,可以用于跨本地和云的混合环境。

(2) MySQL 是由瑞典 MySQL AB 公司开发的,目前属于 Oracle 旗下公司的一个开源关系型数据库管理系统。使用常用标准化 SQL 语言访问数据库,由于其体积小、速度快、总体拥有成本低,搭配 PHP 和 Apache 可组成良好的开发环境,一般中小型网站都选择 MySQL 作为网站数据库。业界著名的"LAMP "或"LNMP"组合,即指 Linux+Apache/Nginx+ MySQL+ PHP/Perl/Python,全部采用免费或开放源码软件,就可以建立起一个稳定、免费的网站系统。

(3) Oracle 是由甲骨文 (ORACLE) 公司开发的一款关系型数据库管理系统。它是在数据库领域一直处于领先地位的产品,系统可移植性好,使用方便,功能强,适用于各类大、中、小型应用,是一种高效率、可靠性好的适应高吞吐量的数据库解决方案。最新版本为 Oracle Database 12c,可轻松部署和管理数据库云,成为私有云和公有云部署的理想平台。

(4) DB2 是美国 IBM 公司开发的一套关系型数据库管理系统,主要应用于大型应用系统,具有较好的可伸缩性,可支持从大型机到单用户的系统工作环境,主要运行环境为 Unix、Linux 及 Windows 服务器版本。

(5) Informix 是 IBM 公司出品的关系数据库管理系统,被定位为 IBM 在线事务处理 (OLTP) 旗舰级数据服务系统,目的是为 Unix 等开放操作系统提供专业的关系型数据库产品。其名字取自 Information 和 Unix 的结合，是第一个被移植到 Linux 上的商业数据库产品，其主要特点是简单、轻便、适应性强。

(6) Sybase 是由 Mark B. Hiffman 和 Robert Epstern 等人创建的 Sybase 公司开发的关系型数据库产品，分别支持 Unix 操作系统、Novell Netware 环境及 Windows NT 环境（对应三种运行版本）。其主要特点是基于客户/服务器体系结构、高性能、开放的数据库，公开了应用程序接口 DB-LIB，鼓励第三方编写 DB-LIB 接口，能够使得访问 DB-LIB 的应用程序很容易地从一个平台向另一个平台移植。

4.2　Web 系统测试内容

由上节所述内容知道，Web 系统按架构分，包括 J2EE(Java 平台 +JSP)、.NET(Apsx)、LAMP(PHP) 等；Web 服务器包括 IIS、Apache、Tomcat、Resin、Jboss、Weblogic、Websphere 等；数据库有 SQL Server、MySQL、Oracle、DB2、Sybase 等。因此，对于 Web 系统的测试，不能只关注于业务逻辑层面，而应该从 Web 系统的整个体系架构入手，对构成该系统的每一个要素进行测试，如前端页面展现、网络协议、服务器设置、后台数据库等方方面面。因此，Web 系统测试涵盖了功能测试、性能测试、界面测试、兼容性测试、安全测试、配置测试、安装测试、文档测试、故障恢复测试、用户界面测试等内容，根据软件项目的具体需求进行裁剪。

4.2.1　Web功能测试

通常，功能测试从以下几个角度来对软件产品进行评价：

(1) 软件是否正确实现了需求规格说明书中明确定义的需求。

(2) 软件是否遗漏了需求规格说明书中明确定义的需求。

(3) 软件是否实现了需求规格说明书中未定义的需求。

(4) 软件是否对异常情况进行了处理，容错性好。

(5) 软件是否满足用户的使用需求。

(6) 软件是否满足用户的隐性需求。

Web 系统功能测试除了业务逻辑功能测试外，还包括以下方面：

1. 链接测试

Web 系统上的网页是通过被称为超链接的文本或图形互相链接的，犹如一张庞大的蜘蛛网，稍不留神就会有所遗漏。因此，对页面超链接的测试主要包含如下几点：

(1) 链接的正确性，即超链接与说明文字相匹配，测试所有链接是否按指示的那样确实链接到了该链接的页面。

(2) 所链接的页面是否存在，是否存在不可达的链接或死链接，不能出现 404、403、503 等状态。

(3) 测试所链接的页面是否存在，要保证系统中没有孤立的页面，也就是空链接，超链接未链接到任何地址，什么都不做。

尽管链接测试看起来似乎没有比较高深的技术含量，但对于一个较大的网站，涉及到上百甚至上千个页面，链接测试需要较大的测试量。提高测试的效率成了网站链接测试的一个重要方面。因此，可以使用 Xenu Link Sleuth、HTML Link Validator、Web Link Validator 等自动化工具来测试超链接。

2. 表单测试

表单主要负责数据采集功能，是系统与用户交互最主要的介质。所以对表单的测试包含的内容非常多，重点包括三个方面：单一表单的功能验证、多表单业务流测试、数据校验。

单一表单的功能验证主要是测试表单是否按照需求正常工作，顺利完成功能要求。如使用表单来进行在线注册，要确保提交按钮能正常工作，当注册完成后应返回注册成功的消息。要测试这些程序，需要验证服务器能正确保存这些数据，而且后台运行的程序能正确解释和使用这些信息。

多表单业务流测试是对应用程序特定的具有较大功能业务的需求进行验证。例如，尝试用户可能进行的所有操作，例如：下订单，更改订单，取消订单，核对订单状态，在货物发送之前更改送货信息，在线支付，等等。验证这些业务流程是否完整，正确。

数据验证主要是验证表单提交的完整性，以校验提交给服务器的信息的正确性和完整性。例如用户注册、登录、信息提交等，如果使用了默认值，还要检验默认值的正确性。如果表单只能接受指定的某些值，则也要进行测试。例如，只能接受某些字符，测试时可以跳过这些字符，看系统是否会报错。

表单测试一般采用黑盒测试方法，既可以采用手工测试也可以使用自动化测试工具来完成。

3. Cookie 测试

Cookie，也常用其复数形式 Cookies，通常用来存储用户信息和用户对应用系统的操作信息，当一个用户使用 Cookies 访问了某一个应用系统时，Web 服务器将发送关于用户的信息，把该信息以 Cookies 的形式存储在客户端计算机上，这可用来创建动态和自定义页面或者存储登录等信息。

对 Cookies 的测试主要从以下方面进行：

(1) Cookie 的作用域是否合理，是否按预定的时间进行保存，刷新对 Cookies 有什么影响等。

(2) 用于保存一些关键数据的 Cookie 是否被加密。如果在 Cookies 中保存了注册信息，请确认该 Cookie 能够正常工作而且已对这些信息进行加密。

(3) Cookie 的过期时间是否正确。

(4) Cookie 的变量名与值是否对应。

(5) Cookie 是否必要，是否缺少。

4. Session 测试

Session 是一种在客户端与服务器之间保持状态的解决方案。客户端与服务器端建立 Session 会话，服务器会为每次会话建立一个 SessionID，每个客户会跟一个 SessionID 对应，会话信息存放在服务器上，通常是在用户执行"退出"操作或者会话超时时结束。因此，测试时应该关注以下内容：

(1) Session 不能过度使用，会加重服务器维护 Session 的负担。

(2) Session 的过期时间设置是否合理，需要验证系统 Session 是否有超时机制，还需要验证 Session 超时后功能是否还能继续实现。

(3) Session 的键值是否对应，是否存在 Session 互窜，A 用户的操作是否被 B 用户执行。

(4) Session 过期后在客户端是否生成新的 SessionID。

(5) Session 与 Cookie 是否存在冲突。

5. 数据库测试

数据库为 Web 应用系统的管理、运行、查询和实现用户对数据存储的请求等提供空间。在 Web 应用中，最常用的数据库类型是关系型数据库，可以使用 SQL 对信息进行处理。数据库测试包括测试实际数据的正确性和数据的完整性以确保数据没有被误用，以及确定数据库结构设计得是否正确，同时也对数据库应用进行功能性测试。

在使用了数据库的 Web 应用系统中，一般情况下，可能发生两种错误：数据一致性错误和输出错误。数据一致性错误主要是由于用户提交的表单信息不正确而造成的，而输出错误主要是由于网络速度或程序设计问题等引起的。

数据库测试需要测试数据的完整性、有效性、数据操作和更新，主要测试要点可以考虑以下几个方面：

(1) 数据库表结构是否合理。

(2) 表与表之间的关系是否理清，主外键是否合理。

(3) 列的类型和长度定义是否满足功能和性能方面的要求。

(4) 索引的创建是否合理。

(5) 存储过程是否功能完整，可以使用 SQL 语句对存储过程进行详细测试，而不单只是从黑盒层面进行测试。

数据库测试还可以和表单测试结合起来进行。也可以使用常见的一些数据库测试工具，如 DBFactory、DBUnit、SQLUnit 等。

6. 脚本测试

所谓脚本测试，是指对客户端的脚本 (如 Javascript) 和服务器端的脚本 (如 PHP) 本身进行的测试，Web 设计不同的脚本语言、版本的差异，可以引起客户端或服务器端严重的问题。可以使用白盒或黑盒测试方法来完成这一类测试。其目的在于不单单只是从应用层面来关注相应的脚本功能，还应该从代码层面也做好比较完整的验证。

4.2.2　Web性能测试

性能测试是通过模拟多种正常、峰值以及异常负载条件来对系统的各项性能指标进行测试，主要用于评价一个网络应用系统 (分布式系统) 在多用户访问时系统的处理能力。中国软件评测中心将性能测试概括为三个方面：应用在客户端性能的测试、应用在网络上性能的测试和应用在服务器端性能的测试。通常情况下，三方面有效、合理的结合，可以达到对系统性能全面的分析和瓶颈的预测。

性能测试的主要类型有下述几种：

(1) 负载性能测试 (Load Testing)。

通过测试系统在改变负载方式、增加负载、资源超负荷等情况下的表现，以发现设计上的错误或验证系统的负载能力。

通常使测试对象承担不同的工作量，以评测和评估测试对象在不同工作量条件下的性能行为，以及持续正常运行的能力，确定并确保系统在超出最大预期工作量的情况下仍能正常运行。同时需要评估系统的响应时间、事务处理速率等性能特征，从而来确定能够接收的性能。

(2) 压力测试 (Stress Testing)。

压力测试也称为强度测试,实际上是一种破坏性测试,通常检查被测系统在非正常的、超负荷的等恶劣环境下 (如内存不足,CPU 高负荷,网速慢等) 的表现,考验系统在正常的情况下对某种负载强度的承受能力,以判断系统的稳定性和可靠性。压力测试主要测试系统的极限和故障恢复能力,也就是测试应用系统会不会崩溃,是通过确定一个系统的瓶颈或者不能接收的性能点,来获得系统能提供的最大服务级别的测试。一般把压力描述为"CPU 使用率达到 75% 以上,内存使用率达到 70% 以上"。

(3) 并发性能测试 (Concurrency Testing)。

并发性能测试主要指当测试多用户并发访问同一个应用、模块、数据时是否产生隐藏的并发问题,如内存泄漏、线程锁、资源争用问题。它是一个负载测试和压力测试的过程,即逐渐增加负载,直到系统的瓶颈或者不能接收的性能点,通过综合分析执行指标和资源监控指标来确定系统并发性能的过程。几乎所有的性能测试都会涉及并发测试。

(4) 容量测试 (Volume Testing)。

容量测试用于检查被测系统处理大数据量的能力,例如存储或读取一个超长文件的能力。确定系统可处理同时在线的最大用户数。

(5) 可靠性测试 (Reliability Testing)。

软件可靠性指的是在给定时间内、特定环境下软件无错误运行的概率。软件可靠性已被公认为是系统可依赖性的关键因素,是从软件质量方面满足用户需求的最重要的因素。它可以定量地衡量软件的失效性。

影响 Web 应用系统性能的主要指标因素如下所述:

(1) 响应时间。

响应时间又指请求响应时间,指的是从客户端发起的一个请求开始,到客户端接收到从服务器端返回的响应结束,这个过程所耗费的时间。用公式可以表示为响应时间 = 网络响应时间 + 服务器处理时间 + 数据存储处理时间,通常不包括浏览器生成或显示页面所花费的时间。其单位一般为"秒"或者"毫秒"。

响应时间的评价可参考 2/5/10 原则:

①在 2 秒钟之内,页面给予用户响应并有所显示,可认为是"很不错的";

②在 2 ~ 5 秒钟内,页面给予用户响应并有所显示,可认为是"好的";

③在 5 ~ 10 秒钟内,页面给予用户响应并有所显示,可认为是"勉强接受的";

④超过 10 秒就让人有点不耐烦了,用户很可能不会继续等待下去。

(2) 并发用户数。

并发是指所有的用户在同一时刻做同一件事情或者操作,这种操作可以是做同一类型的业务,也可以是不同类型的。前一种并发通常用于测试使用比较频繁的模块;后一种并发更接近用户的实际使用情况。

并发用户数,可以使用估算法获得:

平均并发数估算:

$$C = n/10$$

并发用户数峰值估算:

$$C' \approx r \times C$$

其中，n 代表每天访问系统的用户数。每天访问系统的用户数可以通过日志分析、问卷调查来获取。r 为调整因子，取值一般为 2~3。系统实际并发数量以负载测试结果为准。

(3) 吞吐量。

吞吐量指的是在一次性能测试过程中网络上传输的数据量的总和。吞吐量 / 传输时间就是吞吐率。吞吐率是响应请求的速率。通常又称为系统的点击率或者页面速率。吞吐量与响应时间可以分析系统在给定的时间范围内能够处理 (负担) 多少用户。

(4) 事务数。

在 Web 性能测试中，一个事务就表示一个发送请求到返回响应的过程。因此，一般的响应时间都是针对事务而言的。每秒钟系统能够处理的交易或者事务的数量，称为每秒事务数 (TPS，Transaction Per Second)。它是衡量系统处理能力的重要指标。

(5) 点击率。

点击率也称每秒请求数，记为 Hits/sec，指客户端单位时间内向 Web 服务器提交的 HTTP 请求数，包括各种对象请求 (如图片、CSS 等)，这是 Web 应用特有的一个指标。

(6) 资源利用率。

资源利用率指的是对不同系统资源的使用程度。例如服务器的 CPU 利用率、磁盘利用率等。资源利用率是分析系统性能指标进而改善性能的主要依据，主要针对 Web 服务器、操作系统、数据库服务器、网络等，根据需要采集相应的参数进行分析，是测试和分析瓶颈的主要参考。

性能测试的一般方法是通过模拟大量用户对软件系统的各种操作，获取系统和应用的性能指标，分析软件是否满足预期设定的结果。概括来讲就是"模拟"、"监控"、"分析"。模拟，是通过多线程程序模拟现实中各种操作，模拟系统环境等；监控，是对应用性能指标的监控和对系统性能指标的监控等；分析，是通过一定的方法组合各种监控参数，根据数据的关联性，利用已经有的各种数学模型，通过各种分析模型快速地定位问题。

性能测试的主要步骤如下：

(1) 测试需求分析。需要了解系统架构、业务状况与环境等，确定性能测试目的和目标；选择性能测试合适的测试类型 (负载、压力、容量等)。

(2) 制定测试方案。定义测试所需求的输入数据，确定将要监控的性能指标。

(3) 用例及场景设计。对业务进行分析和分解，根据业务确定用例，不同用例按照不同发生比例组成场景；定义用户行为，模拟用户操作运行方式。

(4) 准备测试脚本。创建虚拟用户脚本，验证并维护脚本的正确性。

(5) 运行测试场景，监控测试指标。

(6) 分析测试结果。根据错误提示或监控指标数据进行性能分析，得出性能评价结论。

常用的性能测试工具主要有惠普公司的 Load Runner 及开源工具 JMeter 等。

4.2.3　Web易用性测试

软件易用性指在指定条件下使用时，软件产品被理解、学习、使用和吸引用户的能力。其中，界面测试又称 UI 测试，是易用性测试中的一个重要内容。

Web 易用性测试主要关注下述方面：

- 控件名称应该易懂，用词准确，无歧异；
- 常用按钮支持快捷方式；
- 完成同一功能的元素放在一起；
- 界面上重要信息放在前面；
- 支持回车；
- 界面空间小时使用下拉列表框而不使用单选框；
- 专业性软件使用专业术语；
- 对可能造成等待时间较长的操作应该提供取消；
- 对用户可能带来破坏性的操作有回到上一步的机会；
- 根据需要自动过滤空格；
- 主菜单的宽度设计要合适，应保持基本一致；
- 工具栏图标与完成的功能有关；
- 快捷键参考微软标准；
- 提供联机帮助；
- 提供多种格式的帮助文件；
- 提供软件的技术支持方式。

综上所述，Web 界面测试主要关注用户体验，可以包括以下测试要点：

(1) 整体布局。Web 应用系统整体布局风格与用户群体和受众密切相关，如网站是提供儿童服务的，页面布局就会卡通活泼些；如网站是一个技术网站，那么就应该严肃一些，给用户以信任感。总之，整个站点应该具有统一的配色，统一的排版，统一的操作方式，统一的提示信息，统一的内容布局，统一的图标风格。另外，整个页面的排版必须松驰有度，内容不能太挤，也不能距离太大，图片的大小合适。

(2) 导航测试。导航描述了用户在一个页面内操作的方式，如在不同的用户接口控制之间的转换，或在不同的连接页面之间的转换。Web 应用系统导航帮助要尽可能地准确；导航的页面结构、导航、菜单、连接的风格要一致、直观。建议尽量使用最小化原则，只将重要的，必须要让用户了解的功能放置在首页。

(3) 图形测试。Web 应用系统的图片、动画、边框、颜色、字体、背景、按钮等图形的大小、格式，布局、颜色风格等，确保图形有明确的用途、图形能否正常显示、图形下载速度、放置重要信息的图片是否丢失、背景颜色与字体颜色和前景颜色是否相搭配、图片的大小和质量是否影响性能等等。图片一般采用 JPG 或 GIF 压缩，最好能使图片的大小减小到 30k 以下。

(4) 内容测试。内容测试用来检验 Web 应用系统提供信息的正确性、准确性和相关性等，如：信息的内容应该是正确的，不会误导用户；信息的内容应该是合法的，不会违反法律；信息的内容应该是符合语法规则的；对用户误操作的提示信息应该是精确的，而不是模棱两可的；在当前页面可以找到与当前浏览信息相关的信息列表或入口。

(5) 验证快捷方式。

(6) 本地化测试，满足区域文化。

(7) 考虑用户群体。

(8) 页面布局显示与客户端分辨率的匹配。

4.2.4 Web兼容性测试

兼容性测试即测试软件对其它应用或者系统的兼容性，包括硬件、软件、操作系统、网络等。主要有：

1. 平台兼容性

平台兼容性指 Web 系统最终用户的操作系统平台，有 Windows、Linux、Unix、Macintosh 等，在系统发布之前，需要在各种操作系统下对系统进行兼容性测试。

2. 浏览器兼容性

浏览器是 Web 客户端最核心的构件，来自不同厂商的浏览器对 Java、JavaScript、ActiveX、Plug-ins 或不同的 HTML 规格有不同的支持。例如，ActiveX 是 Microsoft 的产品，是为 Internet Explorer 而设计的，JavaScript 是 Netscape 的产品，Java 是 Sun 的产品，等等。另外，框架和层次结构风格在不同的浏览器中也有不同的显示，甚至根本不显示。

根据浏览器引擎的不同，通常需要对主流的 IE、FireFox、Chrome 等浏览器进行兼容性测试。

3. 分辨率兼容性

分辨率测试主要是测试在不同分辨率下，页面版式是否能够正常显示。

对于需求规格说明书中规定的分辨率，必须保证测试通过。常见的分辨率有：1440×900、1280×1024、1027×768、800×600。

进行分辨率兼容性测试时需要检查：

(1) 页面版式在指定的分辨率下是否显示正常？

(2) 分辨率调高后字体是否太小以至于无法浏览？

(3) 分辨率调低后字体是否太大？

(4) 分辨率调整后文本和图片是否对齐？文本或图片是否显示不全？

其他兼容性测试还包括网络连接速率、外部设备等兼容性测试。

4.2.5 Web安全性测试

Web 应用系统在数据传输过程中常会被非法截获和伪造传递，容易受到病毒和非法入侵的攻击。近年来，"乌云"网站上公布的客户信息泄露等安全事故层出不穷，带来了极大的损失和危害。由于软件设计漏洞或存在"后门"、病毒感染、恶意攻击、"钓鱼"网站设置的陷阱、网络自身管理不善以及人为不良行为等等方面，均可能带来严重的安全问题。因此，Web 服务器安全性的测试日益重要。

软件安全性测试就是检验系统权限设置有效性、防范非法入侵的能力、数据备份和恢复能力等，设法找出各种安全性漏洞。

根据我国国家信息安全漏洞库 (CNNVD) 统计，2015 年 6 月份共新增安全漏洞 637 个，与前 5 个月平均增长数量相比，增长速度有所上升，其中权限许可和访问控制类漏洞所占比例最大，约为 13.66%。

360 互联网安全中心发布《中国网站安全报告 (2015)》显示，360 网站安全检测平台 2015 年全年共扫描各类网站 231.2 万个，共扫描发现网站高危漏洞 265.1 万次。从网站漏洞类型上看，跨站脚本攻击 (XSS) 漏洞、异常页面导致服务器路径泄露、SQL 注入漏洞等是 2015 年最为频繁扫出的漏洞类型。漏洞类型分布如表 4-2 所示。

表 4-2　漏洞类型统计表

排名	漏 洞 名 称	漏洞级别	扫出次数 / 万次
1	跨站脚本攻击漏洞	中危	270.7
2	异常页面导致服务器路径泄露	低危	197.9
3	SQL 注入漏洞	低危	145.9
4	发现目录启用了自动目录列表功能	低危	75.6
5	SQL 注入漏洞（盲注）	高危	70.2
6	IIS 短文件名泄露漏洞	低危	69.1
7	MySQL 可远程连接	低危	56.5
8	发现服务器启用了 TRACE Method	低危	42.4
9	发现目录开启了可执行文件运行权限	低危	36.1
10	Flash 配置不当漏洞	低危	17.8

因此，在 Web 安全测试过程中，我们主要关注以下类型的测试：

1. 跨站脚本攻击

跨站脚本攻击 (Cross Site Script, XSS) 指的是恶意攻击者利用网站程序对用户输入过滤不足，往 Web 页面里插入恶意 Script 代码，构造 XSS 跨站漏洞，当用户浏览该页之时，嵌入 Web 里面的 Script 代码会被执行，从而达到盗取用户资料、利用用户身份进行某种动作或者对访问者进行病毒侵害等恶意攻击用户的特殊目的。

例如：在文本框中输入 <script>alert('test')</script>，如果弹出警告对话框，如图 4-7 所示，表明已经受到跨站攻击。

构造如下的代码，还能搜集客户端的信息：

    <script>alert(navigator.userAgent)</script>

    <script>alert(document.cookie)</script>

因此，需要对输入域进行严格的保护和验证。

图4-7　跨站攻击示例

2. SQL 注入式攻击

SQL 注入式攻击 (SQL Injection) 指用户输入的数据未经合法性验证就用来构造 SQL 查询语句。即用户可以提交一段数据库查询代码，根据程序返回的结果，获得某些他想得知的数据。包括查询数据库中的敏感内容，绕过认证，添加、删除、修改数据，拒绝服务等操作。

例如：根据 SQL 语句的编写规则，附加一个永远为"真"的条件，使系统中某个认证条件总是成立，从而欺骗系统、躲过认证，进而侵入系统。下面给出一个构造 SQL 注入式攻击查询的例子：

    $sql = "SELECT name FROM users WHERE id = '". $_GET['id'] . "'";

当 ID 的值为

    1' or 1=1 --

查询语句为

    SELECT name FROM users WHERE id = '1' or 1=1 --'

```
$sql = "SELECT * FROM admins WHERE name = '". $_GET['name'] . "' and pass='" .
$_GET['pass']. "'";
```

当 name 的值为：

' or 1=1 --

查询语句：

SELECT * FROM admins WHERE name = '' or 1=1 --' and pass='

3. 目录设置

Web 安全的第一步就是正确设置目录。每个目录下应该有 index.html 或 main.html 页面，或者严格设置 Web 服务器的目录访问权限。如果 Web 程序或 Web 服务器的处理不当，通过简单的 URL 替换和推测，会将整个 Web 目录暴露给用户，这样会造成 Web 的安全性隐患。

4. 登录测试

现在的 Web 应用系统基本采用先注册后登录的方式。因此，必须测试：

- 用户名和输入密码是否大小写敏感；
- 测试有效和无效的用户名和密码；
- 测试用户登录是否有次数限制，是否限制从某些 IP 地址登录；
- 口令选择是否有规则限制；
- 哪些网页和文件需要登录才能访问和下载；
- 系统是否有超时的限制，也就是说，用户登录后在一定时间内（例如 15 分钟）没有点击任何页面，是否需要重新登录才能正常使用，等等。

5. 日志

为了保证 Web 应用系统的安全性，日志文件是至关重要的。需要测试相关信息是否写进了日志文件，是否可追踪。在后台，要注意验证服务器日志工作正常。

6. Socket

当使用了安全套接字时，还要测试加密是否正确，检查信息的完整性。

7. 服务器端的脚本

服务器端的脚本常常构成安全漏洞，这些漏洞又常常被黑客利用。所以，还要测试没有经过授权，就不能在服务器端放置和编辑脚本的问题。

思 考 题

1. 什么是软件性能？开发人员、测试人员和用户分别怎样评价和看待一个软件产品的性能？

2. 访问一个网站，有哪些因素可能导致访问速度慢？

3. 作为测试人员，你在进行 Web 性能测试时遇到的最大困难是什么？试与不同的测试人员讨论交流。

4. 易用性测试一般可以考虑哪些不同的角色参与测试？

5. Session 与 Cookie 的区别是什么？

第5章 测试环境搭建与测试工具

本章学习目标：

☞ 了解 Web 系统开发环境；

☞ 掌握搭建 Web 系统测试环境的方法；

☞ 掌握必需的自动化测试工具；

☞ 学会分析自动化工具收集的测试信息。

5.1 Web 系统环境的搭建

测试环境是指为了完成软件测试工作所必需的硬件、软件、网络、数据、测试工具等环境。

根据测试需要，Web 应用系统环境一般应搭建 Web 服务器、数据库服务器、网络、客户端浏览器等基本环境。

1. 常用的 Web 服务器

• Apache

下载：http://www.apache.org/dyn/closer.cgi。

安装：双击运行安装程序即可。

• Tomcat

下载：http://tomcat.apache.org/。

安装：由于 Tomcat 是一个 Java Web 服务器，因此首先需要配置好 Java 环境 (下载安装 Java JDK，配置 Java 环境变量)，然后运行 Tomact 安装文件，安装时注意安装目录，安装完成后要配置和 Java 一样的环境变量。

2. 常用的数据库服务器

常用的数据库服务器是 MySQL。

下载：http://www.mysql.com/downloads/。

安装：直接运行安装程序。按提示安装完成后，需要对数据库进行配置，包括 MySQL 应用类型、数据库用途、数据存放位置、数据库最大连接数、监听端口 (默认为 3306)、超级用户密码等。

图 5-1 为监听端口设置，图 5-2 为数据库超级用户密码设置。

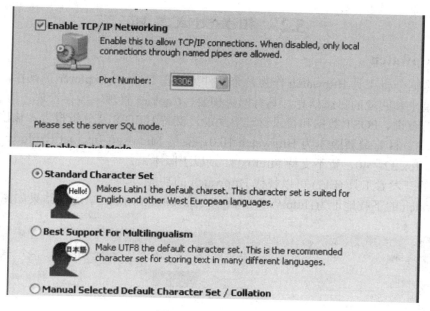

图5-1　监听端口设置

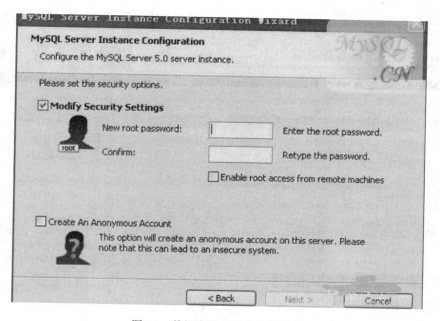

图5-2　数据库超级用户密码设置

3. 集成环境包

XAMPP(Apache+MySQL+PHP+PERL) 是一个功能强大的建站集成软件包，相比直接安装和配置 Apache 服务器来说，它非常容易安装和使用。

下载：https://www.apachefriends.org/zh_cn/index.html。

安装：直接运行安装程序。

5.2 相关测试工具

5.2.1 Httpwatch

网页数据分析工具 Httpwatch 作为一个插件集成在 Internet Explorer 工具栏，可以跟踪显示网页请求和回应的日志信息，具有网页摘要、Cookies 管理、缓存管理、消息头发送/接收、字符查询、POST 数据和目录管理等功能，支持 HTTPS 及分析报告，输出为 XML、CSV 等格式。目前最新版本为 Httpwatch 10.0，支持 Microsoft Internet Explorer 8 - 11 and Mozilla Firefox 32 – 40，暂不支持 Firefox 41 及以上版本。

IE11 的开发者工具 (F12) 可以替代 Httpwatch 的功能。

Httpwatch 的下载地址为：http://www.httpwatch.com/download/。运行结果如图 5-3 所示。

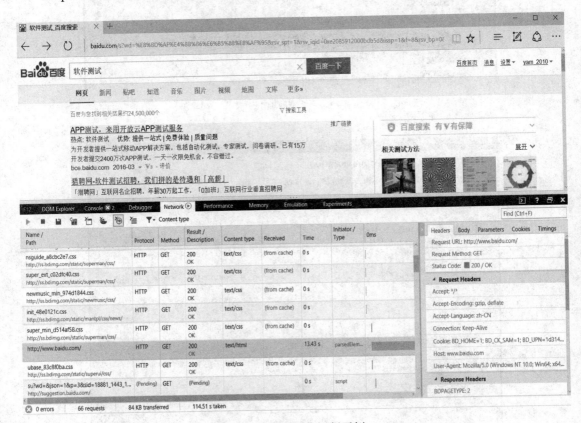

图5-3 监测网络运行示例

5.2.2 Firebug

Firebug 是 Mozilla Firefox 的一个插件，可用于查看和编辑 HTML、Javascript 控制台，监视网络状况等，从各个不同的角度剖析 Web 页面内部的细节层面。

启动 Firefox 浏览器，从菜单打开"工具 – 附加组件"，搜索"firebug"组件，如图 5-4 所示，选择将 Firebug 添加到 Firefox，即进入安装过程。

图5-4 Firebug插件安装

监控运行情况如图 5-5 所示。

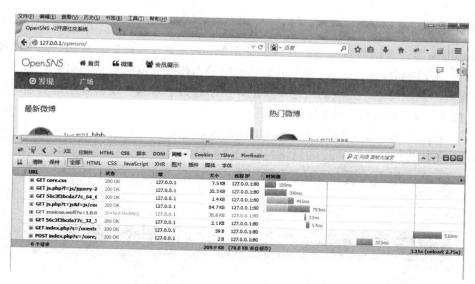

图5-5 FireBug监测网络运行示例

5.2.3 Filddler

Fiddler 是一个 http 协议抓包工具，能够记录并检查所有 http 通信，设置断点，查看所有的"进出"Fiddler 的数据，包括 Cookie、HTML、JS、CSS 等，兼容 IE、FireFox、Chrome 等浏览器。

下载：http://www.telerik.com/fiddler。

安装：直接运行安装程序。安装成功后运行示例如图 5-6 所示。

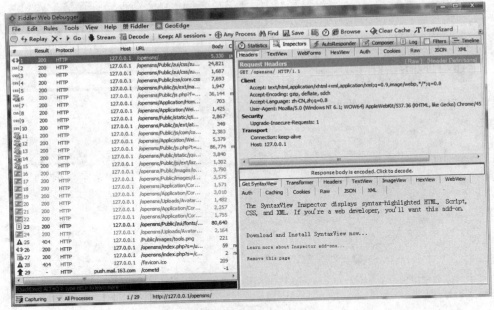

图5-6   Filddler运行监测示例

5.2.4   Wireshark

Wireshark 是一个网络封包分析软件。使用 WinPCAP 作为接口，直接与网卡进行数据报文交换，可以撷取网络封包，并尽可能显示出最为详细的网络封包资料。它可以捕获无线网络连接、虚拟网络、无线网络连接及蓝牙网络连接等设备，支持使用过滤器。仔细分析 Wireshark 撷取的封包能够检测网络问题。

下载：https://www.wireshark.org/download.html。

图 5-7 所示为用户访问百度的网络封包记录情况。

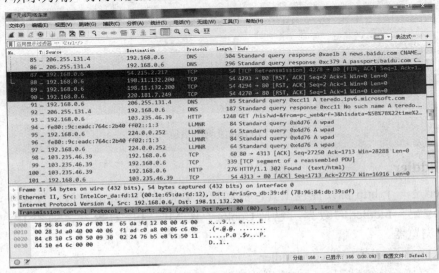

图5-7   Wireshark运行监测示例

5.2.5　Xenu

Xenu 是一款检查网站链接的精悍软件，支持多线程，可以分别列出网站的活链接与死链接，并把检查结果存储成文本文件或网页文件。

下载：http://xenus-link-sleuth.en.softonic.com/。

运行示例如图 5-8 所示。

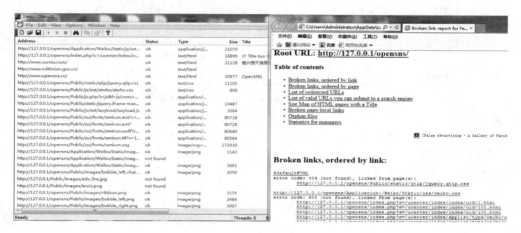

图5- 8　Xenu运行示例

5.2.6　Selenium

Selenium 是 ThroughtWorks 公司开发的一个灵活、简单而强大的开源 Web 功能测试、验收测试工具。Selenium 测试直接在浏览器中运行，通过编写模拟用户操作的测试脚本，即可从终端用户的角度来测试应用程序。它支持多种浏览器版本，包括：Firefox 所有版本，Internet Explore 7、8、9、10、11，Safari 5.1+、Safari 6.X，Opera，Chrome 等，并支持 Microsoft Windows、Apple OS X、Linux 等操作系统，可以用包括 Java、C#、Ruby、Python、Javascript、Perl、PHP、Objective-C 等多种语言编写测试用例。

Selenium 主要包括以下四种版本：

(1) Selenium Core：支持 DHTML 的测试案例(效果类似数据驱动测试)，它是 Selenium IDE 和 Selenium RC 的引擎。

(2) Selenium IDE：FireFox 的一个插件，支持脚本录制。可以录制用户的基本操作，生成测试用例，并将测试用例转换为其他语言的自动化脚本。

(3) Selenium RC：Selenium Remote Control。

(4) Selenium Grid：允许 Selenium-RC 针对规模庞大的测试案例集或者同时并行地、在不同的环境上运行多个测试任务，极大地加快 Web 应用的功能测试。

下载：http://docs.seleniumhq.org/download/。

安装：根据要安装的版本不同，可采用不同的安装方法。

• Selenium IDE 安装：下载后直接安装，在 Firefox 组件中下载 Selenium IDE Button 组件即可在 FireFox 中使用。

• Selenium RC 安装：首先需要安装 jdk，配置 Java 运行环境；然后在 selenium-remote-control\server 目录里，运行 java -jar selenium-server.jar，之后就会看到一些启动信息。要使用 selenium-rc，必须启动该 Server。

Selenium IDE 运行情况如图 5-9 所示。

图5-9 Selenium IDE运行示例

5.2.7 QTP

QTP 是 HP 公司的一款先进的自动化测试企业解决方案，全称为 QuickTest Professional，主要目的是用于创建功能和回归测试。它自动捕获、验证和重放用户的交互行为。使用 QTP 关键字视图、自动文档和活动屏幕，创建和修改测试脚本，同时满足了技术型和非技术型用户的需求，让各个公司有能力部署更高质量的应用。

QuickTest Professional 支持所有常用环境的功能测试，包括 Windows、Web、.Net、Visual Basic、ActiveX、Java、SAP、Siebel、Oracle、PeopleSoft 和终端模拟器。

目前，HP 已经将 QTP 更名为 UFT(Unified Functional Testing)，是业界领先的软件，可加速对 GUI 和 API 应用的自动化软件测试，也可验证混合式复合应用的集成测试方案。UFT 具有如下特点：

(1) 验证多层测试方案。可以在同一测试方案中，执行基于 GUI 的应用程序测试和非 GUI 的服务测试，同时为跨多个应用程序层的交易提供自动化的功能测试。

(2) 支持多种应用类型。支持 Web (Web 2.0)、Oracle、SAP、Seibel、Windows

Presentation Foundation、Delphi、PowerBuilder、ASP.Net 和 J2EE 等主要应用程序和环境。

（3）具有关键字功能。使用关键字，测试员可以直接捕获和应用程序交互的流程，并应用功能强大的录制 / 回放捕获技术，以此构建测试案例。"关键字视图"支持业务分析师创建测试，且无需任何编程和脚本编写技能。用户仅需从下拉列表中选择应用程序窗口和对象名称，即可选择要执行的操作和要使用的数据。测试计划文档将自动创建。

（4）丰富翔实的报告。报告含多级详细视图的高级摘要，其中包括当前以及先前运行的图表和统计数据、指向先前运行结果的快速链接等。报告还包括图像和屏幕截图来促进错误重现。本地系统监控还可帮助发现客户端性能问题。所有报告均可导出为 PDF、HTML 和 Microsoft Word 文档。

5.2.8　JMeter

Apache JMeter 是一款开源性能测试工具，是一个 100% 纯 Java 桌面应用，可以用来测试静态和动态资源的性能，如静态文件、Java Servlets、CGI Scripts、Java Object、数据库和 FTP 服务器等。也可用于模拟大量负载来测试一台服务器，测试网络或者对象的健壮性或者分析不同负载下的整体性能。同时，JMeter 还可以对应用程序进行回归测试。

JMeter 可以运行在 Unix、Windows 和 Open VMS 等操作系统上。

下载：http://jmeter.apache.org/。

安装：JMeter 1.8 以上的版本需要 JDK1.4 以上的版本支持运行。首先安装 JDK，配置 Java 环境变量；然后运行 JMeter，Windows 环境使用 jmeter.bat，Unix 环境使用 jmeter。

JMeter 通过创建测试计划来描述 JMeter 运行时要执行的步骤。测试计划是使用 JMeter 进行测试的起点，是其它 JMeter 测试元件的容器。一个完整的测试计划包含一个或者多个线程组、逻辑控制、取样发生控制、监听器、定时器、断言和配置元件。

- 线程组代表一定数量的并发用户，它可以用来模拟并发用户的发送请求。
- 监听器负责收集测试结果，同时也被告知了结果显示的方式。
- 逻辑控制器可以自定义 JMeter 发送请求的行为逻辑，它与 Sampler 结合使用可以模拟复杂的请求序列。
- 断言可以用来判断请求响应的结果是否如用户所期望的那样。
- 配置元件维护 Sampler 需要的配置信息，并根据实际的需要修改请求的内容。
- 前置处理器和后置处理器负责在生成请求之前和之后完成工作。前置处理器常常用来修改请求的设置，后置处理器则常常用来处理响应的数据。
- 定时器负责定义请求之间的延迟时间。

JMeter 测试脚本还可以通过 Badboy 工具来进行录制和编辑，其下载地址为 http://www.badboy.com.au/。

5.2.9　LoadRunner

LoadRunner 是 HP 公司提供的（有时也写为 HP Load Runner）一种预测系统行为和性能的负载测试（压力测试）工具，是一款企业级的解决方案。LoadRunner 通过模拟成千上万用户实时并发负载及实时性能监测的方式来验证应用的性能和查找性能问题。LoadRunner 具有以下特点：

(1) 创建虚拟用户。录制引擎能够生成代理或虚拟的用户模拟业务流程和真正用户的操作行为。利用虚拟用户，可以在 Windows、IBM AIX、HP-UX、SUN SOLARIS 或 Linux 机器上同时运行成千上万个测试。

(2) 企业环境支持。HP 提供广泛的测试环境，支持多种协议和平台。HP LoadRunner 现在支持的协议为 60 种以上。其中包括 Web、J2EE、.NET、XML、SAP、Siebel、Oracle®、PeopleSoft、无线、Citrix 和客户端 / 服务器应用程序。

(3) 使用有限的资源产生最大的压力场景。产生压力测试场景时，每个虚拟用户的内存资源消耗平均小于 2 MB。

(4) 诊断：HP LoadRunner 可跟踪、计时处于负载情况下的单独应用程序组件，并可排除故障。可从缓慢的最终用户交易着手，深入查明导致变慢的瓶颈故障或 SQL 语句。

(5) 自动分析压力测试结果：使用类似自动关联的技术，自动拟合应用性能参数 (如应用响应时间、应用并发用户数) 和系统性能参数 (如网络性能指标、操作系统性能指标、数据库性能指标等)，得出应用系统性能的瓶颈。

(6) 企业监控支持：HP LoadRunner 拥有非侵入性的实时性能监视程序，可提供被测系统所有部分的详细指标，包括 Web 服务器、应用程序服务器、数据库、企业资源规划 (ERP) 和 CRM 系统、防火墙和负载平衡器。

5.2.10 其他工具

表 5-1 列出了其他一些有效地监控 Web 服务器性能的免费工具，读者可以自行尝试使用。

表 5-1   其他 Web 服务器性能监控工具

名　称	官网链接	工具简介
PCP (Performance Co-Pilot)	http://pcp.io/	系统性能和框架分析
Anturis	https://anturis.com/	监控服务器、网站、IT 基础设置的基于云计算的 SaaS 平台
SeaLion	https://sealion.com/	基于云计算的 Linux 服务器监控工具
Zabbix	http://www.zabbix.com/	可以监控服务器、Web 应用程序、数据库、网络设备等的性能
Nagios	https://www.nagios.org/	提供服务器、交换机、应用程序和服务的监控与报警机制
Monit	https://mmonit.com/monit	可以监控和管理 Unix 系统，可以执行各种 TCP / IP 网络检查和协议检查

思 考 题

1. 访问某网站，如在同一浏览器端分别输入 http://www.baidu.com 与 http://www.baidu.com/，试通过网络分析工具分析响应时间有什么不同，为什么。

2. QTP 自动化测试工具的原理是什么？

3. LR 是怎样实现测试的自动化的？

4. 用 IP 欺骗能对外网进行测试吗？

5. 在搜索引擎中输入汉字就可以解析到对应的域名，请问如何用 LoadRunner 进行测试？

第 6 章　Web 应用系统测试案例实践

本章学习目标:

☞ 了解待测系统，清楚测试需求和测试范围；
☞ 应用测试技术制定合理的测试方案；
☞ 应用各类测试方法有效实施系统测试；
☞ 掌握测试结果分析方法；
☞ 掌握测试过程规范；
☞ 通过实践总结 Web 系统测试方法。

本章主要通过一个案例来简要介绍对某个 Web 信息系统进行测试的一般方法和测试流程，包括测试计划、测试用例设计、测试执行与结果分析等，仅供参考。

6.1　待测系统概述

OpenSNS 开源社交系统由嘉兴想天信息科技有限公司开发，是基于 OneThink 的轻量级社交化用户中心框架，包含微博、论坛、群组、专辑、活动、微店、积分商城、分类信息等模块。其系统设计简约，业务逻辑较简单，源码下载及安装、使用文档可由官网地址获得: http://www.opensns.cn/。

该系统为典型的 B/S 结构，客户端通过浏览器访问应用系统。Web 服务器为 Apache，数据库为 MySQL。浏览器和 Web 服务器之间的交互基于 HTTP 协议。HTTP 协议本身是无连接的，Web 服务器通过 Session 机制来建立一个浏览器所发出的先后连接之间的关联。

系统体系结构如图 6-1 所示。

图6-1　社交系统体系结构

用户在使用系统时，请求之后的事务逻辑处理和数据的逻辑运算由服务器与数据库系统共同完成，对用户而言是完全透明的，运算后得到的结果再通过浏览器的方式返回给用户。

系统运行环境如下：

- 操作系统：Windows 7；
- Web 服务：Apache；
- 数据库：MySQL；
- 开发语言和工具：PHP。

浏览器：IE11.0、FF30.0、Chrome 45.0.2454.101

系统运行界面如图 6-2 所示。

图6-2　OpenSNS系统运行界面

系统对一般用户的主要功能见表 6-1 所述。

表 6-1　OpenSNS 主要功能列表

一级功能模块名称	二级功能模块名称	说　　明
登录	直接登录	输入用户名、密码，进行登录
	记住登录	保存登录信息
	忘记密码	密码找回
注册		输入用户名、昵称、密码，进行注册
注销		退出用户登录状态

一级功能模块名称	二级功能模块名称	说　明
微博	发布	发微博，可接受输入文字、表情、文件、自定义话题
	搜索	搜索相关微博
	签到	点击签到，记录签到次数及排名
	全站微博	显示所有微博
	我的关注	显示关注的微博
	热门微博	显示热门微博
	我的喜欢	显示喜欢的微博
	喜欢	点击喜欢
	评论	发评论，文字和表情
	转发	文字和表情，可选同时作为评论发布
会员展示	身份标签找人	按昵称搜索
	关注	点击关注好友
好友聊天		发起聊天，可发送文字、表情
消息	查看消息	打开消息中心，显示消息分类
	我的收藏	显示收藏的帖子
	邀请好友	生成邀请码，邀请好友
修改资料	个人主页	显示个人微博、资料、头衔、关注/粉丝等信息
	资料设置	显示用户名，设置昵称、性别、所在地、个性签名
	用户标签	选择个人标签
	头像修改	修改头像图片
	密码修改	修改密码
	我的积分	显示积分、等级经验、积分获取规则
	其他	清除记住的登录信息

现有某高校将此开源系统用于学生社团交流，假设学生人数约 2000 人。下面将该系统作为被测对象案例，选择默认基本设置，简述 Web 应用系统测试的完整流程和基本测试方法。

6.2　测试需求分析

系统测试需求所确定的是测试的内容，即测试的具体对象，主要来源可能是一个需求规格说明书、设计说明书、用户使用说明，或是由前景、用例、用例模型、词汇表、补充规约组成的一个集合。

在分析测试需求时，应注意测试需求必须是可观测、可测评的行为。如果是不能观测或测评的测试需求，就无法对其进行评估，以确定需求是否已经满足。在每个用例或系统的补充需求与测试需求之间不存在一对一的关系；在需求规格说明书中每一个功能描述将派生一个或多个测试需求，性能描述、安全性描述等也将派生出一个或多个测试需求。

OpenSNS 社交系统要求用户各功能使用正常，系统响应比较快，运行稳定。

1. 功能性测试需求

检查核心模块功能是否正常，重点测试一般用户使用的登录模块、注册模块、微博模块，暂不测试管理员角色功能。

另外需要进行全站链接测试，检查各链接是否正常。

功能测试需求如表 6-2 所示，严格地说，还应将需求标识一并列出来，以便于需求跟踪。

表 6-2　功能测试需求

功能模块名称	功能说明	测试需求
登录	输入用户名、密码，进行登录	1. 登录的用户名、密码能记住 2. 忘记密码后能找回来 3. 允许登录失败的次数 4. 有提示，提示信息明确
注册	输入用户名、昵称、密码，进行注册	1. 用户名，英文、下划线 _、数字等，长度为 2 ～ 32 2. 昵称：只允许中文、字母、数字和下划线；长度为 2 ～ 32 3. 不能注册为"管理员"、"测试"、"admin"、"垃圾" 4. 有提示，提示信息明确
微博－发布	发布微博	1. 最多输入 140 个字 2. 可接受上传图片文件 9 个 3. 可输入文字、表情 4. 可自定义话题 5. 有提示，提示信息明确
微博－评论	评论微博	1. 评论限制字数 2. 评论限制词语 3. 有提示，提示信息明确
微博－搜索	搜索微博	1. 安全攻击 2. 搜索限制字符 3. 搜索字符数长度 4. 有提示，提示信息明确

2. 性能测试需求

测试不同负载下系统的表现，并获得系统的响应能力、负载能力、吞吐率和资源利用率等性能指标。

系统主要业务性能压力来自登录并发、微博并发以及微博和评论、搜索等业务的组合并发。

性能测试通过的标准如下：

(1) 并发用户数为 50 个以内，在线用户数为 500 个以内，CPU 占用都在 70% 以下，内存在 70% 以下，I/O 处于不繁忙状态。

(2) 用户登录响应时间不能超过 5 s。

(3) 所有查询数据响应在 5 s 以内。

(4) 所有功能项 Web 页面切换时间在 3 s 以内。

3. 用户界面测试需求

(1) 错误提示要定位准确，提示信息简洁、易懂。

(2) Web 页面字符要保持一致，界面要统一。

(3) 错误提示风格要统一。

(4) 每个输入框需要基本的内容及长度效验功能。

(5) 对必填项应有提示信息，如在必填项前加 *。

(6) 是否过分地使用粗体字、大字体和下画线。

(7) 背景颜色使用是否易于阅读。通常来说，文字和背景对比较大比较适宜，背景浅淡则文字采用深颜色；背景深黑则文字采用亮色。对比要适当，和谐往往更容易被人接受。

(8) 每一张图片都是必要的，位置和大小合适，采用了 JPG 和 GIF 格式，而且和文字吻合。

(9) 因为使用图片而使窗口和段落是否排列古怪或者出现孤行。

(10) 表格显示是否清晰，必要的数据能否在一个页面显示？翻页、水平移动是否流畅等？表格里的文字是否能折行且保持内容完整，或者表格栏宽度设置是否协调？

4. 兼容性测试需求

(1) 主流浏览器及其主要版本的兼容性测试。

(2) 不同分辨率下的兼容性测试。

6.3 测 试 计 划

6.3.1 测试资源

1. 人员组织

本次测试工作人员安排如表 6-3 所示。

表 6-3　人 员 组 织

角色	负责人	具体职责	联系信息
测试项目经理	蔡 ##	负责制定测试计划；负责编写和验收用例；负责与外部合作部门交互；负责协调内部人员的工作；负责编写测试报告	####
测试系统管理员	王 ##	测试环境、工具、平台管理	####
测试人员	刘 ##	负责功能测试用例的编写和实施	####
测试人员	俞 ##	设计并执行性能测试	####
测试人员	李 ##	负责兼容性测试和用户界面测试	####
性能测试专家	陈 ##	分析系统性能，对系统进行调优	####

2. 测试环境

本次测试的软硬件环境配置见表 6-4。

表 6-4 测 试 环 境

软件环境（相关软件、操作系统等）
服务器端
操作系统：Microsoft Windows Server 2008 R2 Enterprise
数据库管理系统：MySQL 5.5.16
Web 服务器：Apache 2.2.21
客户端操作系统：Windows 7
硬件环境（网络、设备等）
服务器端
处理器：Intel(R)Xeon(R) CPU E5-2620 v2 @ 2.10GHz
内存容量：16 GB
网络：校园内部以太网，与服务器的连接速率为 100 Mb/s，与客户端的连接速率为 10/100 Mb/s，自适应
客户端
操作系统：Microsoft Windows 7
处理器：Intel(R)Core(TM) i3-2310MHz CPU @ 2.10GHz；Intel(R)Core(TM) i5-3337MHz CPU @ 1.80 GHz
内存容量：2 GB；4 GB

3. 测试工具

本次测试使用的主要测试工具见表 6-5。

表 6-5 测 试 工 具

用途	具体用途	工具	生产厂商 / 自产	版本
测试管理	过程管理	禅道	开源	
缺陷管理	管理缺陷	Bugzillar	开源	4.2
功能测试	链接测试	Xenu's Link Sleuth	开源	1.3.8
	表单测试	手工 /Badboy	开源	
	数据库测试	手动测试		
性能测试	响应时间测试	JMeter	开源	2.13
	负载测试	JMeter	开源	2.13
	压力测试	JMeter	开源	2.13

6.3.2 测试策略

1. 功能测试

表 6-6 列出了功能测试的策略。

表 6-6　功能测试策略

测试目标	确保软件的功能正常，其中包括导航、表单的数据输入、处理、链接以及业务规则的实施等
测试范围	系统的注册、登录、发布、评论微博等功能
测试技术	黑盒测试，主要采用等价类划分、边界值分析以及因果图、判定表等测试方法对系统的功能进行测试用例设计 15% 用手工测试，85% 用 Badboy 自动测试
测试通过标准	需求中所有功能都已完成测试，95% 测试用例通过，并且所有缺陷全部解决
测试重点和优先级	测试重点：检验软件产品说明书上面的功能是否实现，是否达到规格说明书的要求。 优先级：① 注册；② 发布微博功能；③ 登录；④ 评论微博
需考虑的特殊事项	无

2. 链接测试

测试所有链接是否按指示的那样确实链接到了该链接的页面；其次，测试所链接的页面是否存在；最后，保证 Web 应用系统上没有孤立的页面，所谓孤立页面是指没有链接指向该页面，只有知道正确的 URL 地址才能访问。

该系统使用 Xenu Link Sleuth 工具对所有链接进行测试。

3. 性能测试

该项目性能测试主要验证系统在各种工作负载下的能力状况。通过逐渐增加负载，获取响应时间、CPU 负载、内存使用状况等指标来决定系统确定能够接收的性能指标。因此，重点对核心功能模块进行并发负载测试，以此监控数据库服务、操作系统、网络设备等是否能够承受住考验，同时可以对瓶颈进行分析。测试策略见表 6-7。

表 6-7　性能测试策略

测试目标	确定并确保系统在超出最大预期工作量的情况下仍能正常运行。
测试范围	用户注册、登录、发布微博、评论微博等，主要测试： ① 登录并发； ② 发布微博并发； ③ 评论微博并发； ④ 登录、发布微博与评论微博组合并发
测试技术	使用 JMeter 模拟实际软件系统所承受的负载条件的系统负荷，通过不断加载（即逐渐增加模拟用户的并发数量）来观察不同负载下系统的响应时间和数据吞吐量、系统占用的资源（如 CPU、内存）等
测试通过标准	在可接受的时间范围内成功地完成测试，没有发生任何故障； 80% 的事务平均响应时间不超过 15 秒，每一事务的响应时间不超过 20 秒
需考虑的特殊事项	① 负载测试应该在专用的计算机上或在专用的机时内执行，以便实现完全的控制和精确的评测； ② 负载测试所用的数据库应该是实际大小或相同缩放比例的数据库； ③ 可创建"虚拟的"用户负载来模拟许多个（通常为数百个）客户机； ④ 最好使用多台实际客户机（每台客户机都运行测试脚本）在系统上添加负载

4. 用户界面测试

表 6-8 用户界面测试策略

测试目标	确保用户界面会通过测试对象的功能来为用户提供相应的访问或浏览功能
测试范围	① 整体界面。用户界面的功能模块布局是否合理、美观，整体风格是否一致，各个控件的放置位置是否符合客户使用习惯，是否操作便捷；界面中文字是否正确，命名是否统一；每个页面上的选项、标签和标题是否有明显的视觉层次 ② 导航。导航选项是明确而可见的，是否简单易懂；导航帮助是否尽可能地准确；全局导航在网站中的展示是否一致 ③ 图形。包括图片、动画、边框、颜色、字体、背景、按钮等，验证所有页面字体的风格是否一致，文字、图片组合是否完美，背景颜色是否与字体颜色和前景颜色相搭配，文字回绕是否正确，是否因为使用图片而使窗口和段落排列古怪或者出现孤行 ④ 表格。表格每一栏的宽度是否足够宽，表格里的文字是否排列适度？表格整体是否给人舒适感
技术	① 静态测试。对于用户界面的布局、风格、字体、图片等与显示相关的部分测试应该采用静态测试，比如点检表测试，即将测试必须通过的项用点检表一条一条列举出来，然后通过观察确保每项是否通过 ② 动态测试。对用户界面中各个类别的控件应该采用动态测试，对每个按钮的响应情况进行测试，判断是否符合概要设计所规定的条件，还可以对用户界面在不同环境下的显示情况进行测试
测试通过标准	成功地核实出各个窗口都与基准版本保持一致，或符合可接受标准
需考虑的特殊事项	无

5. 兼容性测试

表 6-9 兼容性测试策略

测试目标	① 确保待测项目在不同的操作系统平台上正常运行，包括待测试项目能在同一操作系统平台的不同版本上正常运行 ② 待测项目能与相关的其他软件或系统"协调工作"
测试范围	① 操作系统平台兼容。测试在 Windows 7，Windows 8.1，Windows 10 等平台下系统的兼容性 ② 浏览器兼容。在浏览器 IE v9~v11、Firefox v32~v34、Google Chrome v36~v38 等版本上对系统进行兼容性测试 ③ 分辨率测试。主要考虑在 800×600、1024×768、1280×720、1366×768 的模式下对系统进行兼容性测试
测试技术	手工测试
测试通过标准	系统在不同的操作系统平台上、不同的浏览器及分辨率等环境中能够正常地运行
需考虑的特殊事项	考虑组合情况下的兼容性

6.3.3 测试标准

1. 输出准则

(1) 文档：系统测试说明、系统测试报告。

(2) 覆盖率：已计划测试覆盖率 100%，已执行测试覆盖率 98%。

(3) 功能质量目标：

• 完全通过：其对应测试用例通过率达到 100%；无 A、B 类错误，C 类错误 <1%，D 类错误 <5%。

• 基本通过：其对应的测试用例通过率达到 70% 及其以上，并且不存在非常严重和严重的缺陷。

• 不通过：其对应的测试用例通过率未达到 70%，或者存在非常严重和严重的缺陷。

(4) 性能质量目标：

响应时间判断遵循 2-5-10 原则。

单个事务或单个用户：在每个事务所预期或要求的时间范围内成功地完成测试脚本，没有发生任何故障。响应时间不超过 15 秒。

多个事务或多个用户：在可接受的时间范围内成功地完成测试脚本，没有发生任何故障。10 个用户时，90% 的事务平均响应时间不超过 5 秒，每一事务的响应时间不超过 10 秒；50 个用户时，90% 的事务平均响应时间不超过 8 秒，每一事务的响应时间不超过 15 秒；100 个并发用户时，90% 的事务平均响应时间不超过 10 秒，每一事务的响应时间不超过 20 秒。

2. 缺陷严重级别定义

表 6-10　缺陷严重级别定义

问题类别	问题级别	描　述	错误类型
A 类	严重错误	测试执行直接导致系统死机、蓝屏、挂起或是程序非法退出；系统的主要功能或需求没有实现	由于程序所引起的死机，非法退出
			死循环
			数据库发生死锁
			因错误操作导致的程序中断
			功能错误
			与数据库连接错误
			严重的数值计算错误
			数据通信错误
B 类	较严重错误	系统的次要功能点或需求点没有实现；数据丢失或损坏。执行软件主要功能的测试用例导致系统出错，程序无法正常继续执行；程序执行过于缓慢或是占用过大的系统资源	程序错误
			程序接口错误
			数据流错误
			轻微的数值计算错误
			数据库的表、业务规则、缺省值未加完整性等约束条件

续表

问题类别	问题级别	描 述	错 误 类 型
C类	一般性错误	软件的实际执行过程与需求有较大的差异；系统运行过程中偶尔(<10%)有出错提示或导致系统运行不正常	操作界面错误(包括数据窗口内列名定义、含义是否一致)
			打印内容、格式错误
			简单的输入限制未放在前台进行控制
			删除操作未给出提示
			数据库表中有过多的空字段
D类	微小错误	软件的实际执行过程与需求有较小的差异；程序的提示信息描述容易使用户产生混淆	界面不规范
			辅助说明描述不清楚
			输入输出不规范
			显示格式不规范
			长操作未给用户进度提示
			提示窗口文字未采用行业术语
			系统处理未优化
			可输入区域和只读区域没有明显的区分标志
E类	测试建议		(非缺陷)

6.3.4 进度安排

表6-11 测试进度安排表

测试活动	计划开始日期	计划完成日期	持续时间	负责人
制定测试计划	2015/11/11	2015/11/15	5	蔡##
测试用例设计	2015/11/17	2015/12/6	20	俞##
测试数据准备	2015/12/7	2015/12/17	10	刘##
测试用例执行	2015/12/18	2015/12/31	14	刘##
性能测试	2015/11/17	2015/12/31	44	陈##
用户界面测试	2015/12/01	2015/12/20	20	李##
兼容性测试	2015/11/17	2015/12/17	30	李##
用户验收测试	2016/1/1	2016/1/5	5	蔡##
对测试进行评估	2016/1/6	2016/1/10	5	蔡##

6.4　测试设计与执行

为节省篇幅，这里将测试用例设计与测试执行一并展示。功能测试部分未完全展示系统测试用例，着重注册、登录、发布微博模块。

6.4.1　功能测试

1. 注册模块测试

注册功能模块要求输入用户名、昵称、密码，运行界面如图6-3所示，测试用例如表6-12所示。

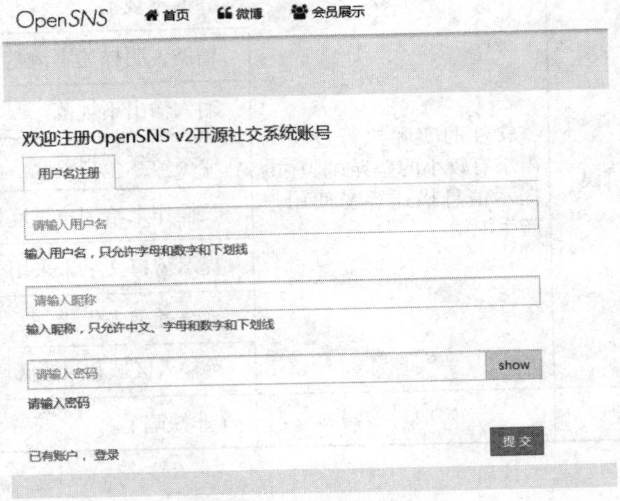

图6-3　注册功能模块运行界面

表 6-12　注册测试用例

测试项	注册功能模块	项目名称		OpenSNS 社交系统测试
测试依据	用户使用说明书、测试需求文档			
测试方法	手工测试			
测试环境	服务器： ● 操作系统：Microsoft Windows Server 2008 R2 Enterprise ● CPU：Intel(R)Xeon(R) CPU E5–2620 v2 @ 2.10GHz；RAM 16.00GB ● Web 服务：Apache ● 数据库：MySQL 5.5 ● 开发语言和工具：PHP 浏览器：IE11.0、FF30.0、Chrome45.0.2454.101 网络：内网，接入 100 Mb/s			
前置条件	正常访问网站			
用例设计人员 / 设计日期	×××	用例执行人员 / 执行日期	×××	审核人员 / 审核日期　×××

用例编号	用例说明	输入／操作步骤	预期结果	实际结果	结论 (P/F)	备注
REG–001	输入正确数据能够成功注册	输入正确用户名、昵称、密码，点击"提交" 用户名：abcde_fg 昵称：张三三 密码：123456	注册成功	进入欢迎页面	P	
REG–002	用户名错误测试	输入错误用户名，正确昵称、密码，点击"提交" 用户名：~sds 昵称：张三 密码：123456	提示用户名错误	提示"只允许字母、数字和下划线"	P	
REG–003	用户名长度测试	输入用户名长度小于2 用户名：好 昵称：张三 密码：123456	提示用户名长度信息	提示"用户名长度在2～32之间"	P	
REG–004	用户名长度测试	输入用户名长度大于32 用户名：11111111111111111111111111111111111111111 昵称：张三 密码：123456	提示用户名长度信息	提示"用户名长度在2～32之间"	P	输入项有提示
REG–005	用户名、昵称错误测试	输入错误用户名、昵称、密码正确，点击"提交" 用户名：@123 昵称：@123 密码：123456	提示用户名、昵称错误	提示"用户名只允许字母、数字和下划线"	P	每个输入项有提示
REG–006	用户名、昵称、密码错误测试	输入错误用户名、昵称、密码，点击"提交" 用户名：@123 昵称：@123 密码：123	提示输入用户名、昵称、密码错误	提示"用户名只允许字母、数字和下划线"	P	每个输入项有提示
REG–007	用户名、密码错误测试	输入错误用户名、密码，正确昵称，点击"提交" 用户名：@123 昵称：李四 密码：123	提示输入用户名、密码错误	提示"请填写完整且正确的信息后提交""用户名只允许字母、数字和下划线"	P	输入项有提示
RE G–008	昵称、密码错误测试	输入正确用户名，错误昵称、密码，点击"提交" 用户名：li123 昵称：李#123 密码：123	提示输入昵称、密码错误	提示"请填写完整且正确的信息后提交""密码长度必须在6～30个字符之间"	P	输入项有提示

用例编号	用例说明	输入 / 操作步骤	预期结果	实际结果	结论 (P/F)	备注
REG-009	密码错误测试	输入正确用户名、昵称、错误密码，点击"提交" 用户名：li123 昵称：张三 密码：###	提示密码错误	提示"密码长度必须在 6～30 个字符之间"	P	
REG-010	昵称错误测试	输入正确用户名、密码、错误昵称，点击"提交" 用户名：li123 昵称：lili@123 密码：######	提示输入昵称错误	提示"请填写完整且正确的信息后提交""昵称长度必须在 2～32 个字符之间"	F	提示信息错误
REG-011	昵称长度测试	输入昵称长度小于2 用户名：li123 昵称：李 密码：123456	提示昵称长度信息	提示"请填写完整且正确的信息后提交"	P	"昵称长度在 2～32 之间"
REG-012	昵称长度测试	输入昵称长度大于32 用户名：li123 昵称：李李李李李李李李李李李李李李李李李李李李李李李李李李李李李李李李李李 密码：123456	提示昵称长度信息	提示"请填写完整且正确的信息后提交"	P	"昵称长度在 2～32 之间"
REG-013	特殊限制词测试	输入限制用户名，正确昵称、密码，点击"提交" 用户名：admin 昵称：垃圾 密码：123456	提示不能输入特殊限制名	提示"用户名被禁止注册"	P	
REG-014	特殊限制词测试	输入限制用户名，正确昵称、密码，点击"提交" 用户名：admin123 昵称：admin123 密码：123456	提示不能使用限制词	提示"用户名被禁止注册"	P	
REG-015	测试"show"	输入正确用户名、昵称、密码，点击"show"	明文显示密码	显示密码	P	
REG-016	测试"登录"跳转	点击页面已有账户，"登录"	转入登录界面	转入登录界面	P	

2. 登录功能测试

登录运行界面如图 6-4 所示。登录测试策略见表 6-13。

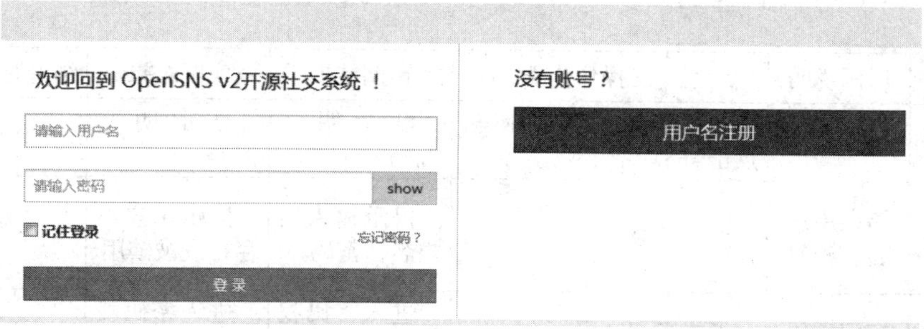

图6-4　登录运行界面

表6-13　登 录 测 试

测试项	登录功能模块		项目名称		OpenSNS 社交系统测试		
测试依据	用户使用说明书、测试需求文档						
测试方法	手工测试						
测试环境	服务器： ● 操作系统：Microsoft Windows Server 2008 R2 Enterprise ● CPU：Intel(R)Xeon(R) CPU E5-2620 v2 @ 2.10GHz；RAM 16.00GB ● Web 服务：Apache ● 数据库：MySQL 5.5 ● 开发语言和工具：PHP 浏览器：IE11.0、FF30.0、Chrome 45.0.2454.101 网络：内网，接入 100Mb/s						
前置条件	已有注册用户						
用例设计人员 /设计日期	×××	用例执行人员 /执行日期	×××		审核人员／审核 日期		×××
用例编号	用例说明	输入／操作步骤	预期结果	实际结果	结论(P/F)		备注
LOGIN-001	正确登录	输入正确用户名、密码，点击登录	进入系统，显示用户名	进入系统，显示用户名	P		
LOGIN-002	输入密码错误	输入正确用户名，错误密码，点击登录	提示密码错误	提示密码错误	P		
LOGIN-003	输入用户名错误	输入错误用户名，错误密码，点击登录	提示用户不存在或被禁用	提示用户不存在或被禁用	P		
LOGIN-004	失败次数	输入正确用户名，错误密码，点击登录，重复操作	提示操作频繁	失败3次后提示操作频繁，请1分钟后再试	P		
LOGIN-005	记住登录	输入正确用户名、密码，选择"记住登录"，点击登录；进入系统，退出系统，重新登录	用户名、密码信息保留页面	无保留信息	F		
LOGIN-006	忘记密码	输入正确用户名，点击忘记密码	进入密码找回界面	进入密码找回界面	P		

109

用例编号	用例说明	输入 / 操作步骤	预期结果	实际结果	结论 (P/F)	备注
LOGIN–007	show 密码	输入正确用户名、密码，点击 show	显示明文密码	显示明文密码	P	
LOGIN–008	错误用户名、密码	点击登录	提示输入用户名、密码	提示用户不存在或被禁用	F	提示信息不明确
LOGIN–009	忘记密码	点击忘记密码	进入密码找回界面	进入密码找回界面	P	
LOGIN–010	错误密码	输入正确用户名，点击登录	提示密码错误	提示密码错误	P	
LOGIN–011	错误用户名	输入错误用户名，点击登录	提示用户不存在	提示用户不存在或被禁用	P	

3. 发布微博功能测试

发布微博运行界面如图 6-5 所示。发布微博运行界面测试策略如表 6-14 所示。

图6-5　发布微博运行界面

表 6-14　发布微博功能测试

测试项	发布微博功能模块	项目名称	OpenSNS 社交系统测试		
测试依据	用户使用说明书、测试需求文档				
测试方法	手工测试				
测试环境	服务器： ● 操作系统：Microsoft Windows Server 2008 R2 Enterprise ● CPU: Intel(R)Xeon(R) CPU E5–2620 v2 @ 2.10GHz；RAM 16.00GB ● Web 服务：Apache ● 数据库：MySQL 5.5 ● 开发语言和工具：PHP 网络：内网，接入 100 Mb/s				
前置条件	成功登录系统				
用例设计人员 / 设计日期	×××	用例执行人员 / 执行日期	×××	审核人员 / 审核日期	×××

续表

用例编号	用例说明	输入/操作步骤	预期结果	实际结果	结论(P/F)	备注
WEIB-001	发布文字	录入微博内容文字，点击发布	发布成功	发布成功	P	
WEIB-002	发布空内容	微博内容为空，点击发布	不能发布，提示内容为空	提示发布失败	F	提示信息不明确
WEIB-003	发布过长内容	微博内容超过140字，点击发布	超过140字内容不能显示	自动截取前140个字	P	
WEIB-004	发布表情	录入表情，点击发布	发布成功	发布成功	P	
WEIB-005	发布话题	录入话题，点击发布	发布成功	发布成功	P	
WEIB-006	上传1个图片文件	上传1个图片文件，点击发布	发布成功	提示发布失败	F	上传文件无进度条显示；不能直接发送图片，需要录入字符
WEIB-007	上传1个图片文件	输入字符，上传1个图片文件，点击发布	发布成功	发布成功	P	
WEIB-008	上传超大图片文件	上传超大图片文件，点击发布	提示文件过大	提示上传文件大小不符	P	
WEIB-009	上传9个文件	上传9个图片文件，点击发布	发布成功	提示发布失败	F	不能直接发送图片
WEIB-010	上传9个文件	输入字符，上传9个不同图片文件，点击发布	发布成功	发布成功	P	
WEIB-011	上传9个相同文件	输入字符，上传9个相同图片文件，点击发布	发布成功	提示该图片已存在	F	
WEIB-012	上传10个图片文件	上传10个图片文件，点击发布	第10个文件上传失败	第10个文件上传失败	P	
WEIB-013	上传文件类型	输入字符，上传不同类型图片文件，如：.bmp、.jpg、.gif等，点击发布	发布成功	发布成功	P	
WEIB-014	图片文件预览	选择文件后预览，返回	继续上传文件页面操作	上传页面关闭	F	
WEIB-015	发布文字表情文件话题	录入文字表情文件话题，点击发布	发布成功	发布成功	P	

4. 链接测试

直接运行工具 Xenu's Link Sleuth 检测网站链接情况，如图 6-6 所示，共完成 81 个 URL 扫描。

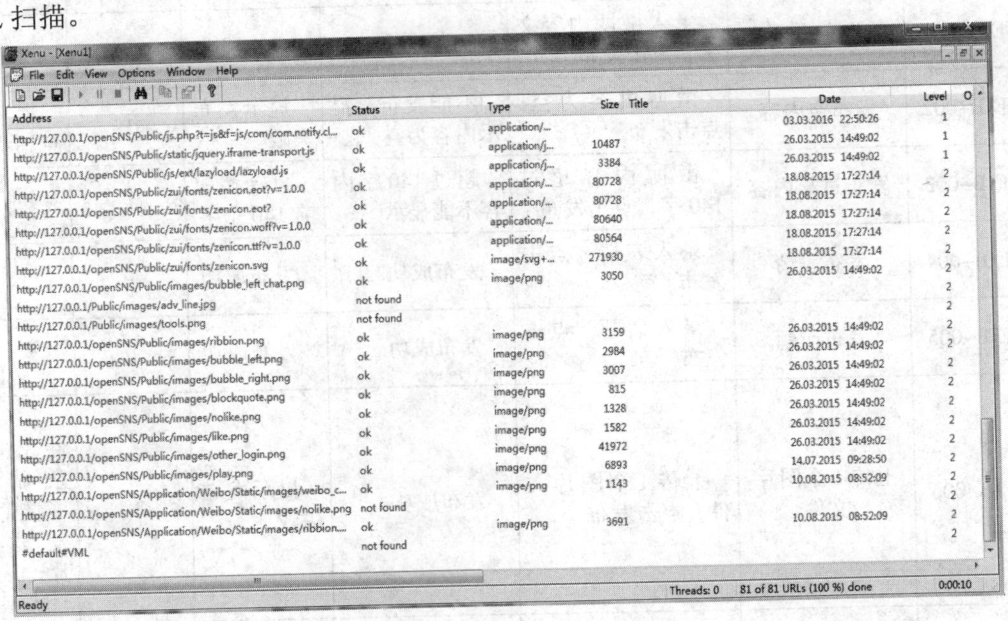

图6-6　Xenu运行测试

生成结果报告如图 6-7 所示。

Statistics for managers

Correct internal URLs, by MIME type:

MIME type	count	% count	Σ size	Σ size (KB)	% size	min size	max size	Ø size	Ø size (KB)	Ø time
text/html	1 URLs	3.13%	57991 Bytes	(56 KB)	5.64%	57991 Bytes	57991 Bytes	57991 Bytes	(56 KB)	0.000
text/css	8 URLs	25.00%	259104 Bytes	(253 KB)	25.21%	800 Bytes	179700 Bytes	32388 Bytes	(31 KB)	
application/x-javascript	2 URLs	6.25%	0 Bytes	(0 KB)	0.00%	0 Bytes	0 Bytes	0 Bytes	(0 KB)	
application/javascript	4 URLs	12.50%	42802 Bytes	(41 KB)	4.16%	3384 Bytes	21070 Bytes	10700 Bytes	(10 KB)	
image/png	12 URLs	37.50%	73414 Bytes	(71 KB)	7.14%	815 Bytes	41972 Bytes	6117 Bytes	(5 KB)	
application/vnd.ms-fontobject	2 URLs	6.25%	161456 Bytes	(157 KB)	15.71%	80728 Bytes	80728 Bytes	80728 Bytes	(78 KB)	
application/x-font-woff	1 URLs	3.13%	80640 Bytes	(78 KB)	7.85%	80640 Bytes	80640 Bytes	80640 Bytes	(78 KB)	
application/x-font-ttf	1 URLs	3.13%	80564 Bytes	(78 KB)	7.84%	80564 Bytes	80564 Bytes	80564 Bytes	(78 KB)	
image/svg+xml	1 URLs	3.13%	271930 Bytes	(265 KB)	26.45%	271930 Bytes	271930 Bytes	271930 Bytes	(265 KB)	
Total	32 URLs	100.00%	1027901 Bytes	(1003 KB)	100.00%					

All pages, by result type:

ok	75 URLs	92.59%
skip type	2 URLs	2.47%
not found	4 URLs	4.94%
Total	81 URLs	100.00%

图6-7　结果统计

6.4.2　性能测试

本系统性能测试主要通过并发负载测试获取系统性能状况。

系统假设最大用户数为 2000，并发用户数估算取 200，并发峰值为 400。

并发用户数分别取 10，20，50，100，200。取 10 个并发用户是为了观察少量用户登录系统时系统的表现，然后逐渐增加用户，以观察系统性能指标随用户增加时的变化情况。

并发策略：并发用户数 100 以内每五秒加载一个，持续运行时间 5 分钟，每五秒退出一个；并发用户数 100 ～ 300 每两秒一个，持续运行时间 10 分钟，每两秒退出一个；并发用户数 400 ～ 500 一秒一个，持续运行时间 10 分钟，每一秒退出一个。

1. 登录并发

登录并发测试如表 6-15 所示。

表 6-15 登录并发测试

编制人	俞 ##		编制时间	######
执行人	俞 ##		执行时间	######
审核人	蔡 ##		审核时间	######
用例标识码				
用例名称	登录			
目的	测试多用户登录时系统支持多个用户并发登录的处理能力。			
测试环境	服务器： • 操作系统：Microsoft Windows Server 2008 R2 Enterprise • CPU：Intel(R)Xeon(R) CPU E5–2620 v2 @ 2.10GHz；RAM 16.00GB；DISK 1TB • Web 服务：Apache 2.2.21 • 数据库：MySQL 5.5 客户端： • 操作系统：Microsoft Windows 7 • CPU：Intel(R)Core(TM) i5-3337M CPU @ 1.80 GHz；RAM 4.00 GB 网络：内网，接入 100 Mb/s			
方法 / 工具	模拟多个用户在不同客户端登录，然后并发进入系统。录制登录过程（通过参数化模拟不同用户登录，并利用 IP 欺骗使不同用户使用不同的 IP 地址），然后利用其完成测试			
前提条件	用户已注册成功			
并发用户数与事务执行情况				
并发用户数	事务平均响应时间 /s	事务最大响应时间 /s	事务成功率	每秒点击率	平均流量 /(B/s)
10	2.68	4.794	100%	20.708	515 314
20	3.503	8.273	100%	23.993	596 709
50	8.159	13.578	100%	38.902	948 152
100	18.057	32.754	100%	62.292	1 517 439
200	27.436	58.539	65%	40.105	1 215 186
300	42.016	93.182	65%	50.173	1 495 163
400	50.747	117.325	61%	52.601	1 462 121
500	32.957	78.461	15%	88.275	2 452 100

并发用户数与服务器性能		
并发用户数	CPU 利用率	磁盘 I/O 参数
10	7.913(max:30.375)	69 565
20	13.122(max:77.871)	65 200
50	31.612(max:100)	73 497
100	51.478(max:100)	100 065
200	31.22(max:100)	61 783
300	41.414(max:100)	71 621
400	42.702(max:100)	67 526
500	47.717(max:100)	63 411

2. 发布微博并发

发布微博并发测试如表 6-16 所示。

表 6-16 发布微博并发测试

编制人	俞 ##	编制时间	######
执行人	俞 ##	执行时间	######
审核人	蔡 ##	审核时间	######
用例标识码			
用例名称	发布微博		
目的	测试多用户操作时系统的处理能力		
测试环境	服务器： ● 操作系统：Microsoft Windows Server 2008 R2 Enterprise ● CPU: Intel(R)Xeon(R) CPU E5–2620 v2 @ 2.10GHz；RAM 16.00GB；DISK 1TB ● Web 服务：Apache 2.2.21 ● 数据库：MySQL 5.5 客户端： ● 操作系统：Microsoft Windows 7 ● CPU: Intel(R)Core(TM) i5–3337M CPU @ 1.80GHz；RAM 4.00GB 网络：内网，接入 100 Mb/s		
方法 / 工具	模拟多个用户在不同客户端登录，然后并发进入系统，录制发布微博过程		
前提条件	已成功登录系统		

并发用户数与事务执行情况				
并发用户数	事务平均响应时间 /s	事务最大响应时间 /s	事务成功率	每秒点击率	平均流量 /(B/s)
10	2.785	7.267	100%	24.038	566 912
20	7.382	23.121	93.4%	22.353	527 618
50	12.118	34.62	85%	35.606	824 247

并发用户数	事务平均响应时间 /s	事务最大响应时间 /s	事务成功率	每秒点击率	平均流量 /(B/s)
100	17.739	36.788	66%	48.068	1 119 282
200	19.692	33.569	9.5%	22.785	3 638 977
300	21.725	38.01	9%	20.774	3 185 777
400	30.243	64.1	7.8%	22.433	3 753 662
500	30.528	51.31	5%	20.323	4 222 851
并发用户数与服务器性能					
并发用户数	CPU 利用率			磁盘 I/O 参数	
10	6.098(max: 31.131)			66 390	
20	6.903(max: 52.806)			57 107	
50	17.075(max: 99.935)			52 552	
100	24.02(max: 100)			70 524	
200	23.056(max: 96.287)			62 800	
300	22.326(max: 94.085)			60 590	
400	22.49(max: 96.438)			66 597	
500	26.317(max: 90.335)			79 299	

3. 评论微博并发

评论微博并发测试如表 6-17 所示。

表 6-17　评论微博并发测试

编制人	俞 ##	编制时间	######
执行人	俞 ##	执行时间	######
审核人	蔡 ##	审核时间	######
用例标识码			
用例名称	评论微博		
目的	测试多用户操作时系统的处理能力		
测试环境	服务器： ● 操作系统：Microsoft Windows Server 2008 R2 Enterprise ● CPU: Intel(R)Xeon(R) CPU E5–2620 v2 @ 2.10GHz；RAM 16.00GB；DISK 1TB ● Web 服务：Apache 2.2.21 ● 数据库：MySQL 5.5 客户端： ● 操作系统：Microsoft Windows 7 ● CPU: Intel(R)Core(TM) i5–3337M CPU @ 1.80GHz；RAM 4.00GB 网络：内网，接入 100 Mb/s		
方法 / 工具	模拟多个用户在不同客户端登录，录制并发进入系统评论微博过程		
前提条件	已成功登录系统，能够浏览微博		

续表

并发用户数与事务执行情况				
并发用户数	事务平均响应时间 /s	事务最大响应时间 /s	事务成功率	每秒点击率	平均流量 / (B/s)
10	5.868	11.08	100%	15.679	352 931
20	6.436	10.134	100%	24.077	582 166
50	13.775	25.137	83%	29.578	692 048
100	21.19	44.02	91%	48.644	1 279 290
200	33.446	55.97	58%	67.523	2 599 219
300	33.076	55.758	41%	57.655	1 569 650
400	32.213	66.483	31%	59.909	1 669 318
500	34.915	64.475	18%	51.081	1 506 220

并发用户数与服务器性能		
并发用户数	CPU 利用率	磁盘 I/O 参数
10	4.858(max:24.374)	43971
20	9.639(max:69.495)	55763
50	16.437(max:99.827)	50198
100	29.19(max:99.87)	68407
200	37.665(max:100)	81873
300	45.485(max:100)	93634
400	36.168(max:100)	75145
500	34.184(max:100)	83727

4. 组合业务并发

所有的用户不会只使用核心模块,通常每个功能都可能被使用到,所有既要模拟多用户的"相同"操作,又要模拟多用户的不同操作,故需对多个业务进行组合性能测试。

业务组合测试是更接近用户实际操作系统的测试,因此用例编写要充分考虑实际情况,选择最接近实际的场景进行设计。这里的业务组成选择"登录系统、发布微博、评论微博"等事务作为一组组合业务进行测试,用例设计信息如表 6-18 所示。

表 6-18　组合业务并发测试

编制人	俞 ##	编制时间	######
执行人	俞 ##	执行时间	######
审核人	蔡 ##	审核时间	######
用例标识码			
用例名称	组合业务测试用例		
功能	在线用户达到高峰时,用户可以正常使用系统,保证 500 个以内用户可以同时在线使用系统		
目的	测试系统 500 个以内的用户同时在线能否使用常用模块		

测试环境	服务器： • 操作系统：Microsoft Windows Server 2008 R2 Enterprise • CPU：Intel(R)Xeon(R) CPU E5-2620 v2 @ 2.10GHz；RAM 16.00GB；DISK 1TB • Web 服务：Apache 2.2.21 • 数据库：MySQL 5.5 客户端： • 操作系统：Microsoft Windows7 • CPU：Intel(R)Core(TM) i5-3337M CPU @ 1.80GHz；RAM 4.00GB 网络：内网，接入 100 Mb/s
方法	采用 LoadRunner/JMeter 的录制工具录制三个业务： 业务 1——登录系统； 业务 2——发布微博操作； 业务 3——评论其他用户微博操作； 每个业务分配一定数目的用户，利用 LoadRunner/JMeter 来完成相关参数的测试，其中业务 1 占总用户的 20%，业务 2 占总用户的 45%，业务 3 占总用户的 35%
前提条件	已存在的用户

并发用户数与事物执行情况

并发用户数	事务平均响应时间 /s			事务最大响应时间 /s			事务成功率			每秒点击率	平均流量 / (B/s)
	业务 1	业务 2	业务 3	业务 1	业务 2	业务 3	业务 1	业务 2	业务 3		
10	1.996	5.01	5.956	4.593	5.151	5.617	100%	100%	100%	16.675	742030
20	2.224	5.509	5.495	4.713	5.618	5.709	100%	100%	100%	15.732	694317
50	4.204	14.001	11.761	7.216	36.108	35.285	99%	94%	97%	25.209	1126640
100	8.363	23.795	18.455	21.126	48.252	40.364	93%	87%	92%	44.903	2085612
200	15.834	35.075	23.94	51.267	63.75	55.069	97%	6%	77%	35.702	2334138
300	22.201	34.521	30.422	65.219	52.483	79.857	21%	4%	73%	53.054	3514684
400	28.077	35.001	33.78	62.097	76.774	64.472	48%	6%	39%	41.112	2672376
500	33.758	38.925	40.029	81.233	70.079	97.93	52%	2%	51%	57.626	3557302

并发用户数与服务器的关系

并发用户数	CPU 利用率	MEM 利用率	磁盘 I/O 参数
10	6.435(max:27.267)	13602	46339
20	6.053(max:48.381)	13640	44195
50	15.103(max:99.611)	13584	54805
100	31.583(max:99.59)	13395	70419
200	27.671(max:99.957)	12744	66333
300	39.893(max:100)	12733	88696
400	31.163(max:100)	12657	75321
500	40.747(max:100)	12524	90793

6.4.3 用户界面测试

用户界面测试的检查项可参考表 6-19。

表 6-19 用户界面测试检查项

检 查 项	结果 (P/F)
窗口切换、移动、改变大小时正常吗？	P
菜单位置排列符合流行的 Windows 风格吗？	P
各种界面元素的文字正确吗？（如标题、提示等）	P
界面风格一致吗？	P
字的大小、颜色、字体相同吗？	P
前景与背景色搭配合理协调吗？	P
各种界面元素的状态正确吗？（如有效、无效、选中等状态）	P
各种界面元素支持键盘操作吗？	P
各种界面元素支持鼠标操作吗？	P
对话框中的缺省焦点正确吗？	P
数据项能正确回显吗？	P
对于常用的功能，用户能否不必阅读手册就能使用？	P
执行有风险的操作时，有"确认"、"放弃"等提示吗？	P
操作顺序合理吗？	P
按钮排列合理吗？	P
按钮的大小与界面的大小和空间协调吗？	P
下拉式操作能正确工作吗？	P
菜单功能是否正确执行？	P
是否能够用其他的文本命令激活每个菜单功能？	P
菜单功能是否随当前的窗口操作加亮或变灰？	P
检 查 项	结果 (P/F)
菜单功能的名字是否具有自解释性？	P
菜单项是否有帮助，是否语境相关？	P
如果鼠标有多个按钮，是否能够在语境中正确识别？	P
如果要求多次点击鼠标，是否能够在语境正确识别？	P
导航帮助明确吗？	P
提示信息规范吗？	P
测试人员	李 ##，部分用户（一般需考虑性别，年龄分布）

6.4.4 兼容性测试

根据测试需求和测试计划，采用两两组合测试方法，覆盖测试需求，测试不同环境下的兼容性，见表6-20。

表 6-20 兼 容 性 测 试

序号	操作系统	浏览器	显示分辨率	测试结果
1	Windows 7	IE v11	800×600	通过
2	Windows 7	Firefox v34	1280×720	通过
3	Windows 8.1	IE v10	800×600	通过
4	Windows 10	Google Chrome v37	1280×720	通过
5	Windows 8.1	Google Chrome v36	1366×768	通过
6	Windows 10	Firefox v33	800×600	通过
7	Windows 8.1	Google Chrome v38	1280×720	通过
8	Windows 7	Google Chrome v37	1024×768	通过
9	Windows 10	Firefox v32	800×600	通过
10	Windows 7	Google Chrome v38	800×600	通过
11	Windows 10	Google Chrome v36	1024×768	通过
12	Windows 7	Google Chrome v37	1366×768	通过
13	Windows 8.1	IE v10	1024×768	通过
14	Windows 7	Google Chrome v36	1280×720	通过
15	Windows 7	IE v9	1024×768	通过
16	Windows 7	Firefox v33	1024×768	通过
17	Windows 8.1	Firefox v33	1366×768	通过
18	Windows 10	Google Chrome v38	1024×768	通过
19	Windows 10	IE v10	1366×768	通过
序号	操作系统	浏览器	显示分辨率	测试结果
20	Windows 8.1	Firefox v33	1280×720	通过
21	Windows 8.1	Firefox v32	1280×720	通过
22	Windows 8.1	IE v11	1280×720	通过
23	Windows 8.1	IE v9	1366×768	通过
24	Windows 7	Firefox v32	1024×768	通过
25	Windows 10	IE v9	800×600	通过
26	Windows 10	Firefox v34	1024×768	通过

27	Windows 8.1	Google Chrome v37	800 × 600	通过
28	Windows 8.1	Firefox v34	1366 × 768	通过
29	Windows 10	Firefox v34	800 × 600	通过
30	Windows 10	IE v11	1366 × 768	通过
31	Windows 10	IE v9	1280 × 720	通过
32	Windows 7	IE v11	1024 × 768	通过
33	Windows 7	Google Chrome v38	1366 × 768	通过
34	Windows 10	Firefox v32	1366 × 768	通过
35	Windows 7	IE v10	1280 × 720	通过
36	Windows 10	Google Chrome v36	800 × 600	通过

测试发现，该应用在上述环境下能够正常显示和运行，在所有兼容测试显示界面下会出现一个灰色小框，点击后页面滚动到最顶端，判定为细微的缺陷，如图6-7所示。

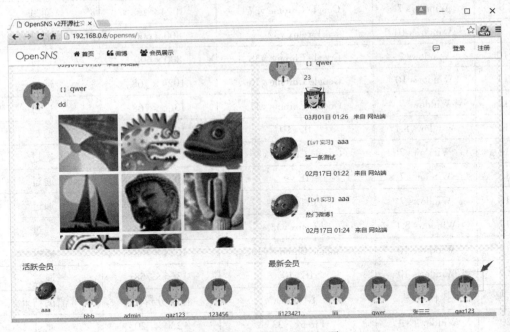

图6-7 兼容测试界面显示问题

6.5 测试结果分析

6.5.1 功能测试结果

本次测试针对注册、登录、发布微博、评论微博4个主要功能模块共设计测试用例49个，全部执行，未通过11个，统计结果如表6-21。

表 6-21　功能测试缺陷统计

模块	测试用例总数	未通过用例数	测试用例未通过百分比	Bug 数量分布			
				A 类	B 类	C 类	D 类
注册模块	16	1	6.25%				1
登录模块	11	2	18.2%		1		1
发布微博模块	15	6	40%		3	1	2
评论微博模块	7	2	25%		1		1
其他功能模块							
小计	49	11	22.4%	0	5	1	5

发现的缺陷详细描述如表 6-22 所示。

表 6-22　缺 陷 描 述

缺陷标识	缺陷摘要	缺 陷 描 述	缺陷严重程度	备注
BUG-001	昵称提示信息错误	步骤: 输入正确用户名、密码、错误昵称,点击"提交" 用户名: li123 昵称: lili@123 密码: ###### 预期: 提示输入昵称错误 实际: 提示"请填写完整且正确的信息后提交""昵称长度必须在 2 ～ 32 个字符之间"	D	
BUG-002	错误用户名、密码登录提示信息不明确	步骤: 无输入,直接点击登录 预期: 提示输入用户名、密码 实际: 提示用户不存在或被禁用	D	
BUG-003	登录—记住登录无效	步骤: 输入正确用户名、密码,选择记住登录; 登录后退出登录,重新打开登录界面 预期: 显示记住的用户名 实际: 无显示	B	
BUG-004	发布空内容提示不准确	步骤: 微博内容为空,点击发布 预期: 不能发布,提示内容为空 实际: 提示发布失败	D	
BUG-005	上传 1 个图片文件,发布失败	步骤: 上传 1 个图片文件,点击发布 预期: 发布成功 实际: 提示发布失败	B	

缺陷标识	缺陷摘要	缺 陷 描 述	缺陷严重程度	备注
BUG-006	上传图片无进度条显示	步骤：上传图片，选择文件 预期：显示上传进度 实际：无显示	D	
BUG-007	上传9个文件，发布失败	步骤：上传9个图片文件，点击发布 预期：发布成功 实际：提示发布失败	B	
BUG-008	上传相同图片文件失败	步骤：输入字符，上传9个相同图片文件，点击发布 预期：上传成功 实际：提示该图片已存在	C	
BUG-009	图片文件预览失败	步骤：选择文件后预览，点击返回 预期：继续上传文件页面操作 实际：上传页面关闭	B	
BUG-010	评论微博无内容长度限制提示	步骤：输入超长评论内容，点击评论 预期：提示评论内容过长 实际：提示评论成功	D	
BUG-011	过长评论内容不能显示	步骤：输入超长评论内容，点击评论 预期：提示评论内容过长 实际：提示"评论成功"，评论计数器加1，评论内容无显示	B	

链接功能测试共发现4个空链接，如图6-8所示。

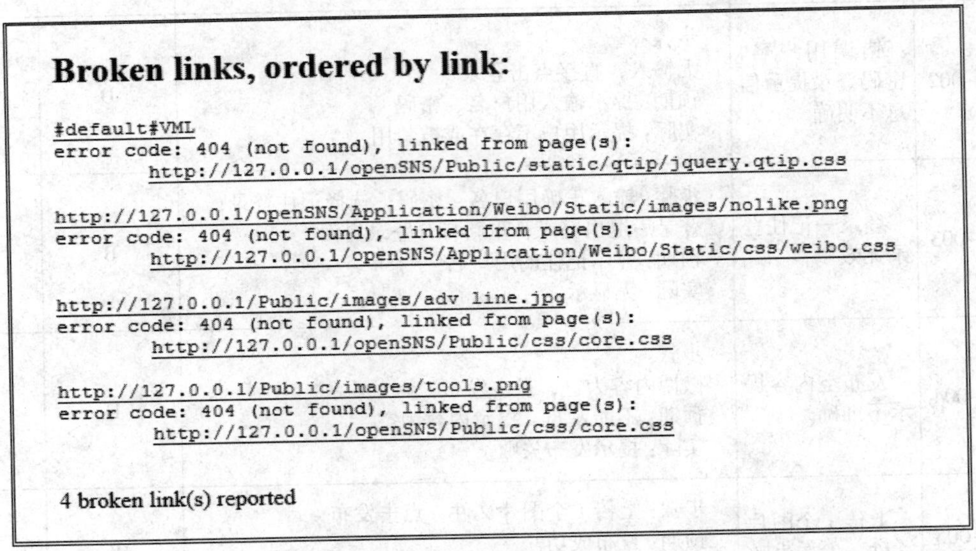

Broken links, ordered by link:

```
#default#VML
error code: 404 (not found), linked from page(s):
        http://127.0.0.1/openSNS/Public/static/qtip/jquery.qtip.css

http://127.0.0.1/openSNS/Application/Weibo/Static/images/nolike.png
error code: 404 (not found), linked from page(s):
        http://127.0.0.1/openSNS/Application/Weibo/Static/css/weibo.css

http://127.0.0.1/Public/images/adv_line.jpg
error code: 404 (not found), linked from page(s):
        http://127.0.0.1/openSNS/Public/css/core.css

http://127.0.0.1/Public/images/tools.png
error code: 404 (not found), linked from page(s):
        http://127.0.0.1/openSNS/Public/css/core.css

4 broken link(s) reported
```

图6-8　死链接项

6.5.2 性能测试结果

图 6-9 至图 6-12 分别记录了登录并发、发布微博并发、评论微博并发以及组合业务并发等场景下监控服务的性能数据曲线。

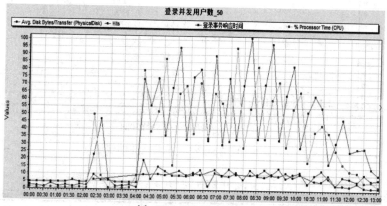

（a）登录并发用户数50时

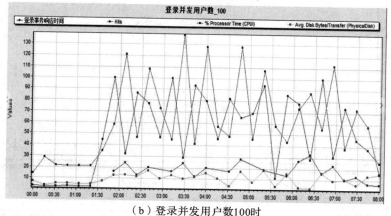

（b）登录并发用户数100时

图6-9　登录并发性能曲线

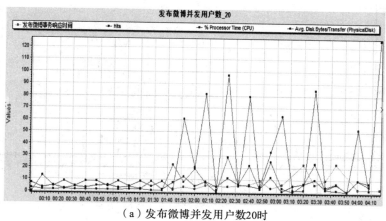

（a）发布微博并发用户数20时

图6-10　发布微博并发性能曲线

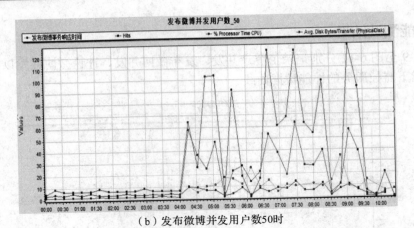

（b）发布微博并发用户数50时

续图6-10　发布微博并发性能曲线

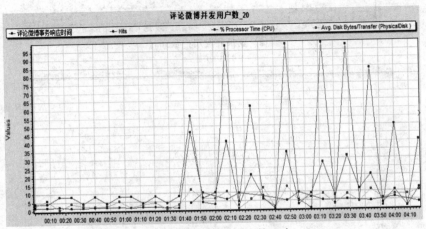

（a）评论微博并发用户数20时

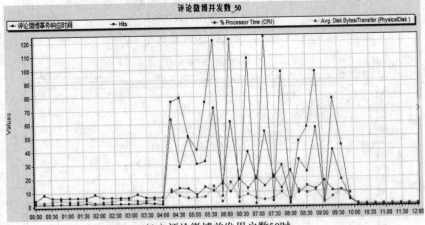

（b）评论微博并发用户数50时

图6-11　评论微博并发性能曲线

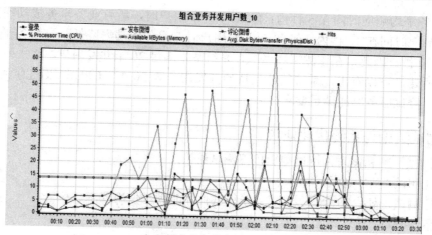

（a）组合业务并发用户数10时

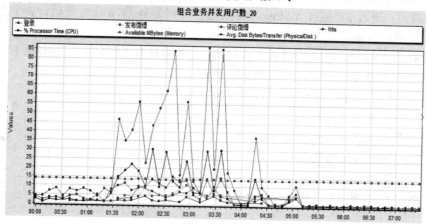

（b）组合业务并发用户数20时

图6-12　组合业务并发性能曲线

根据上述性能数据监控，可以对系统性能进行分析。

(1) 登录单场景并发测试结果反映，有 20 个并发用户时，事务平均响应时间在 5 秒内；有 100 个并发用户时，虽然事务成功率为 100%，但当有 50 个并发用户时，事务平均响应时间在 10 秒内，事务最大响应时间已经超过 10 秒。因此，在该测试环境下，系统基本满足 50 个并发用户。

(2) 发布微博单场景并发测试结果反映，有 10 个并发用户时，事务成功率为 100%，事务平均响应时间在 5 秒内；有 20 个并发用户时，事务平均响应时间在 10 秒内，事务成功率为 93.4%；有 50 个并发用户时，事务最大响应时间超过 10 秒，且事务成功率降低。因此，在该测试环境下，系统基本满足 20 个并发用户。

(3) 评论微博单场景并发测试结果反映，有 10 个并发用户时，事务成功率为 100%，事务平均响应时间在 5 秒至 6 秒之间；有 20 个并发用户时，事务平均响应时间在 10 秒内，事务成功率为 100%；有 50 个并发用户时，事务平均响应时间超过 10 秒，且事务成功率降为仅 83%。因此，在该测试环境下，系统基本满足 20 个并发用户。

(4) 组合业务场景并发测试结果反映，有 10 个并发用户时，所有业务事务成功率为

100%，事务平均响应时间在 5 秒内；有 20 个并发用户时，所有业务事务成功率为 100%，事务平均响应时间在 10 秒内；有 50 个并发用户时，事务成功率降低，且事务平均响应时间均超过 10 秒。因此，在该测试环境下，系统基本满足 20 个并发用户。

综上所述，可以看出，系统能够支持的并发用户为 20 个。CPU 以及内存利用率使用情况正常，测试服务器能满足要求。

6.5.3　测试结论与系统优化建议

根据测试标准和需求，可以得出以下测试结论：

- 功能测试：基本通过。
- 性能测试：满足 20 个并发用户；系统其他性能满足使用要求。
- 兼容性测试：通过。
- 安全测试：未发现安全问题。
- 改进建议：通过 FF 插件 YSlow，可以进一步对系统前端进行分析，得到优化建议，以进一步提高网站性能。

参照 YSlow-23 条规则，该网站 YSlow 性能评测得分为 74 分，其中第 1、2、4、6、11、20 项规则得分为 F，可以进一步改进，详细结果如下：

(1) 有 9 个外部 Javascript 脚本、11 个 CSS，分别可以合并。

(2) 有 32 个静态文件没有使用 CDN。

(3) 有 31 个静态文件没有指定 Expires。

(4) 有 7 个 CSS 在文档底部。

(5) 有 14 个 CSS 和 JS 未精简。

(6) 有 18 个 CSS 和 JS 使用 Cookie 域。

思　考　题

1. 如何理解并发用户数、在线用户数及全部用户数？
2. 响应时间和吞吐量之间的关系如何？
3. 如何得到性能测试需求？怎样判断需求设计、分析是否达到需求？
4. 什么时候可以开始执行性能测试？

第三部分

Android 应用测试实践

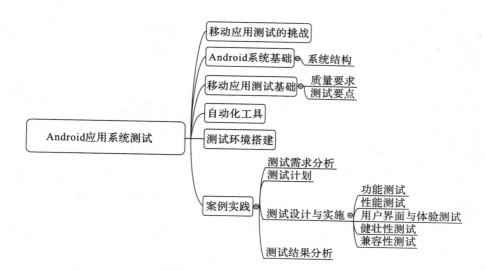

第7章 Android 应用测试概述

✻ **本章学习目标：**

☞ 了解移动应用测试的趋势和难点；

☞ 熟悉 Android 系统及应用程序的基本结构；

☞ 熟悉移动应用测试的内容，关注测试重点。

移动应用计算因其有限的能源、有限的资源，在安全、性能和可靠性等方面存在较大的约束。一个移动应用程序可以是一个本地应用、Web 应用程序或一个混合应用程序。移动应用测试有哪些新的挑战和趋势？移动应用测试与传统的 Web 测试有哪些不同？需要专门的测试技术和技能吗？本章从 Android 系统入手，重点介绍针对该平台下应用系统的测试内容和方法。

7.1 移动应用测试的挑战

随着智能移动设备的快速发展，全球智能手机的用量在 2012 年第三季度第一次超过了 10 亿台。越来越多的人依赖智能手机应用程序来管理账单、进行日程安排、收发电子邮件、上网购物等。移动应用的繁荣是显而易见的，智能手机正迅速成为消费者和企业重要的交互方法。每天都有成千上万的应用程序生成。移动应用存在于智能手机或平板电脑中。现在，应用程序甚至被应用到汽车、可穿戴技术设备和家用电器中。

因此，对移动应用程序的质量，尤其是操作友好、可靠、安全等要求也越来越高。但是，由于移动应用程序本身具有的特性，可以交付复杂功能的平台、有限的计算资源以及多样性等，其测试与传统的 Web 测试有很大的不同，面临着许多新的挑战，需要独特的测试策略来应对。

移动应用测试主要面临的问题有：

1. 移动网络连接

移动应用通过登录移动网络(包括无线网络、3G 或蓝牙等)实现在线服务，因此在速度、可靠性和安全性方面存在很大的不同。较低的无线网络连接带宽导致程序运行缓慢和不可靠，是移动应用的主要问题。因此必须在不同的网络和连接性场景中执行功能测试；性能、安全性和可靠性测试则依赖于可用的连接类型。

2. 设备多样性

不同的场景需要不同的移动终端，并且支持不断加入的新的"感知器官"，如 GPS、陀螺仪、多点触摸屏和相关应用等，涉及到不同的硬件设备，各种各样的移动操作系统、不同的软件运行版本等。移动技术、平台和设备的多样性给开发和测试的兼容性带来了很大困难。

图 7-1 展示了来自 OpenSignal 的 2015 年 24 093 台独立的 Android 设备模型的 Fragmentation（碎片），大约是 2013 年 Android Fragmentation 的 2 倍（同样的矩阵图表，2013 年发现的为 11 868 台设备）。

因此，跨平台应用程序的质量成为工程团队的一大挑战。

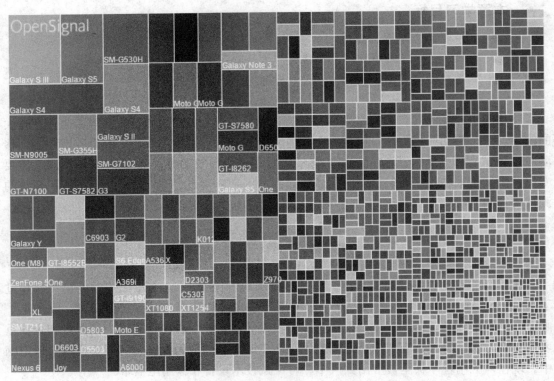

图 7-1　2015 年 Android Fragmentation（碎片）

3. 资源限制

移动设备越来越强大，但它们的资源（如内存、磁盘空间、CPU 等）却非常有限。比如：手机作为通用型消费品在企业级应用上存在许多缺陷，如电池续航能力，一／二维条码读取，RFID 识别，IC 卡读写，三防（防水／防尘／防震）耐用等方面。

举例来说，触屏是移动应用用户输入的主要方式。但是触屏系统响应时间依赖于设备资源利用率，在某些情况下（如低级硬件、处理器繁忙）响应会非常慢。触屏系统缺乏快速响应能力。因此必须在不同的情况下（如处理器负载、资源使用和内存负载）和不同的移动设备中测试触屏的功能。并且，用户界面显示与移动设备的分辨率、外形尺寸等参数有关。软件受屏幕大小限制，对相同的应用程序代码，GUI 测试也需要在各种不同的移动设备上执行。

移动应用程序的资源使用情况必须不断地被监控以避免性能退化和不正确的系统功能。必须采取有效措施控制资源短缺的发生。

4. 新的程序设计语言

为支持移动性、管理资源消耗、处理新的GUIs，已经出现了新的移动应用程序开发语言，如 Objective-C。为了适用新的移动语言，传统的结构测试技术及相关的覆盖准则需要修改。字节码分析工具和功能测试技术需要能够处理二进制代码。

5. 上下文情境感知

移动应用程序支持传感数据输入，如声音、光线、动作、图像等，以及连接（如蓝牙、GPS、Wi-Fi、3G）设备。因此对于其运行场景的变化有着非常高的敏感度，根据环境和用户行为差别，所有这些设备可能提供大量的不同的甚至不可预测的输入，包括亮度、温度、高度、噪声水平、连接类型、带宽、有邻设备等。

应用程序是否能够在任何环境和任何情境输入下正确地工作是测试的一个挑战，可能会导致组合爆炸。已经有学者在研究基于上下文相关的测试用例选择技术和覆盖准则，发现基于语境输入的相关Bug出现非常频繁。

6. 安全隐患

移动开放平台通常开放了获取设备ID、位置、所连接的网络等信息，用户最关心的是应用是否会盗取用户的个人隐私信息。移动支付的迅速发展，让移动应用的安全问题逐渐被用户关注。在用户进行短信发送、支付等等操作时这些数据可能被泄漏。比如：许多手机中都被植入了硬性的弹窗广告，当然其中也有恶意的木马程序。手机APP的开发者是个人或公司，而事实上许多APP开发商的技术不过关，因此在APP中会留有Bug或者漏洞。再加上像安卓市场这样的APP平台审核不够严格，导致许多垃圾的APP出现在用户的手机上，如果只是伤害手机系统，那问题还不那么严重。但要是威胁到移动支付APP和用户个人信息泄露，结果就会让用户损失惨重。智能机的升级越来越快，用户对智能机的依赖可能会超过PC，因此移动设备上的软件质量成为一个关键问题。

7. 测试策略

测试策略如下：

(1) 考虑各种不同的设备及其操作系统，不可能完全进行人工测试，测试成本和时间很高；

(2) 仿真器不能模拟所有的移动设备，也不能模拟真实场景、屏幕大小、真实的GPS和传感器、打电话或发短信；

(3) 移动OS开发者频繁更新固件和OS ROM的版本，模拟器不能捕获这些更新；

(4) 模拟器本身存在缺陷。

因此测试策略的选择需要结合人工测试与自动化测试、内部测试组与外包团队、引导测试与探索式测试、模拟仿真与远程访问等多种方法。

从上述描述中可以看到，相比传统的Web系统测试，移动应用测试具有更大的复杂性和挑战性，除了基本的功能测试、性能测试、压力测试外，移动应用测试还应该关注用户体验测试、网络链接及其安全性检查、兼容性测试等。

有学者经过研究已经对移动应用程序的测试技术进行了一些归纳，如表 7-1 所示，可以作为开展移动应用测试工作的借鉴和启发。

表 7-1　移动应用测试技术分类

移动应用典型特征	对应的测试技术
连接特性	不同网络连接的功能、性能、安全性、可靠性测试
用户体验	GUI 测试
设备支持性 (物理设备和操作系统)	基于差异覆盖测试的测试矩阵
触摸屏	可用性和性能测试
新程序开发语言	白盒、黑盒测试，字节码分析
资源限制	功能和性能监控测试
上下文感知	基于上下文的功能测试

7.2　Android 系统基础

Android(中文俗称安卓) 是一个以 Linux 为基础的开源操作系统，主要用于移动设备，由 Google 与 33 家公司联合成立的开放手持设备联盟 (Open Handset Alliance) 持续开发，目前已发布的最新版本为 Android 6.0。依靠 Google 强大的开发和媒体资源，Android 成为目前最流行的移动终端开发平台。

Android 平台由操作系统、中间件、用户界面和应用软件组成，其系统架构描述如图 7-2 所示。

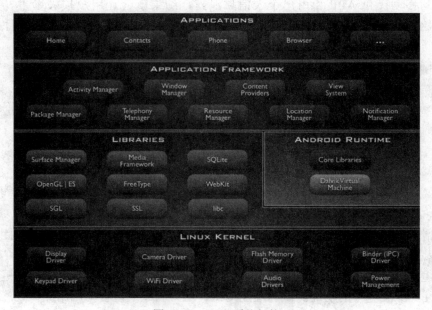

图7-2　Android系统架构

1. 最底层——Linux 操作系统及驱动

Android系统底层由一个稳定的 Linux 内核以及 Android 扩展、管理组件(如 Android 系统核心驱动、Android 系统相关设备驱动等)构成。

2. 第二层——本地框架及 Java 运行环境

Android Runtime 包括 Dalvik 虚拟机和一组重要的运行环境。每一个 Android 应用程序都拥有一个独立的 Dalvik 虚拟机实例,都在它自己的进程中运行。Dalvik 虚拟机是基于寄存器的,依赖于 Linux 内核的一些功能,只执行 .dex 的可执行文件,该文件针对存储性能和内存管理做了优化。当 Java 程序通过编译后,还需要通过 SDK 中的"dx"工具转化成 .dex 格式才能在虚拟机上执行。

Standard Libraries 提供了开发者在开源环境中可以使用的标准库。这些库能被 Android 系统中不同的组件使用。它们通过 Android 应用程序框架为开发者提供服务,具体包括:

- 系统 C 库:从 BSD 继承来的标准 C 库。
- 媒体库:包括多种常用的音频、视频格式回放和录制。同时支持静态图像文件,支持 MPEG4、MP3、AAC、JPG、PNG、H.264、AMR 等多种编码格式。
- Surface Manager:管理显示子系统,并为多个应用程序提供 2D 和 3D 的无缝融合。
- LibWebCore:浏览器引擎。
- SGL:底层的 2D 图形引擎。
- 3D librarie:提供 3D 加速。
- FreeType:提供位图和矢量字体显示。
- SQLite:数据库应用。

3. 第三层——Java 框架

Application Framwork 即 Android 应用程序框架,提供了很多基于 Apache 许可证或基于 GPL、LGPL、BSD 的开源组件,如:

- UI 组件:包括列表、文本框、按钮等 UI 组件,是用户可视的部分。
- Content Providers:提供了一种应用程序,可实现数据的访问和共享机制。
- Notification Manager:能让应用程序将自己的警告信息显示在状态栏上,如显示收到新短信,提示电池信息。
- Activity Manager:管理应用程序的生命周期,并提供应用程序页面退出机制。

在 Android 开发者网站 (http://developer.android.com) 上有更详细的介绍。

4. 最顶层——Java 应用程序

Applications 包括了由 Google 提供的一些应用,如 Dialer、Contact、Calendar、Gmail 和 Chat 等。它们中的绝大部分是开源并可复用的。只有少部分例外,比如 Google Maps 和 Android Market。Android 会同一系列核心应用程序包一起发布,这些应用程序包也就是预置的应用程序。

一个 Android 项目能打包压缩成一个 apk 文件,它包含了与某个 Android 应用程序相关的所有文件,如 AndroidManifest.xml 文件、应用程序代码 (dex 文件)、资源文件和其他文件等。通过将 APK 文件直接传到 Android 模拟器或 Android 手机中执行即可实现安装。

Android 应用程序一般包括以下四部分:

(1) Activity。Activity 一般代表手机屏幕的一屏，相当于浏览器的一个页面。在 Activity 中添加 view，实现应用界面和用户交互。一个应用程序一般由多个 Activity 构成，这些 Activity 之间可互相跳转，可进行页面间的数据传递。每个 Activity 都有自己的生命周期。

(2) Broadcast Intent Receiver。Intent 是对将要执行的操作的抽象描述。通过 Intent，可实现 Activity 与 Activity 之间的跳转。Intent 最重要的组成部分是 Intent 的动作 (Action) 和动作对应的数据 (Data)。与 Intent 相关的一个类叫 Intent Filters，它用来描述 Intent 能够处理哪些操作。

Broadcast Intent Receiver 用于响应外部事件。BroadcastReceiver 不能生成 UI，所以对用户来说是不可见的。

(3) Server。Service 是运行在后台的应用程序。

(4) Content Provider。一个 Content Provider 提供了一组标准的接口，从而能够让应用程序保存或读取 Content Provider 的各种数据类型。一个应用程序可通过它将自己的数据暴露出去。对于外界的应用程序来说，它不需要关心这些数据的存储方式、存储地方，只需要通过 Content Provide 提供的 r 接口访问这些数据即可。当然，这涉及到数据访问的权限问题。

开发 Android 应用程序一般使用 Eclipse+ADT。其工程文件包括：

• 源文件：使用 Java 语言编写的代码，包括各种 Activity 的实现。

• R.java：由 Eclipse 自动生成，包含了应用程序所使用到的资源 ID。

• Android library：Android 库文件。

• Assets：放置多媒体文件等。

• Res：应用程序所需的资源文件，如图标、动画、颜色等。其中：

Drawable——图片资源；

Layout——描述了 Activity 的布局；

Values——定义字符串、颜色等。

• Android Manifest.xml：应用程序的配置文件。在该文件中声明应用程序的名称，使用到 Activity、Service、Receive、权限等。

只有熟悉并掌握 Android 程序开发，才能够快速、高质量地开展 Android 应用测试工作。

7.3 移动应用程序测试

7.3.1 质量要求

移动应用程序测试包括客户端、服务器的测试。由于客户端的"碎片化"问题严重，因此移动 APP 测试重点更关注客户端的测试，服务器端的性能测试可以参考传统的测试方法和工具进行。

从软件质量和用户的角度来看，移动互联网应用关注的主要质量要求有：

(1) 功能性。要测试应用程序的基本功能、新增功能是否可用，界面与操作流程、业务功能等是否准确。

终端移动应用功能越来越复杂，测试难度、周期和工作量逐步加大，测试成本快速上升。

(2) 稳定性。用户在使用移动应用时，与终端的电话、短信、浏览器等基础业务经常产生功能交互，增加了移动应用的不稳定性。因此，需要测试在极限负荷下基本功能长时间持续运行或者反复运行等情况下的成功率。

(3) 可维护性。用户越来越关注应用业务的用户体验，在应用上线后需要持续对业务运营质量进行测试和监控。

(4) 性能。终端移动应用与终端、网络和服务的性能都有关系，性能遭遇瓶颈时，定位需围绕应用关联的整个链路来开展，包括被测程序的功耗、延时、响应时间、连接成功率、流量、并发用户数等核心性能指标。

(5) 兼容性。应考虑应用程序软硬件不同环境下的兼容性，包括终端设备品牌、配置、分辨率、操作系统平台与版本、浏览器等。

(6) 安全性。Android 病毒类型分布以资费消耗类、隐私获取类、诱骗欺诈类三种病毒类型为主。安全测试分为静态应用安全测试 (SAST) 和动态应用安全测试 (DAST)，包括访问权限限制、应用程序签名、恶意程序安全、权限命名机制、协议通信安全和用户数据隐私安全等方法。基于行为分析的移动设备新型安全测试正在浮出水面，这些测试可对图形用户界面 (GUI) 进行测试，并运行后台应用来探测恶意或风险行为。

7.3.2 测试要点

1. 功能测试

重点测试主要功能和用户常用功能，另外需要测试的是：软件版本检测功能，即是否有提示版本更新；操作系统更新后对应用的功能是否有影响；有离线功能的应用，在离线状态下是否能够正常使用；离线后再连接网络 (包括 Wi-Fi 或者 3G、4G 网络等)，其基本功能是否能够正常使用，切换网络是否出现异常或导致之前的操作中断、信息丢失等。

2. 用户体验测试

以普通用户的身份去使用和感知一个产品或服务的舒适、有用、易用、友好等功能体验，是通过 GUI(Graphical User Interface) 操作界面和流程实现的。测试的目的是验证操作流程是否能够让用户快速接受，是否符合用户使用习惯等。测试内容主要包括：

(1) 操作方式。测试触摸操作是否符合操作系统要求，是否符合用户使用习惯，不同的触摸操作和按钮操作是否存在冲突，是否有不可点击的效果，交互流程分支是否太多，界面中按钮可点击范围是否适中，是否定义 Back 的逻辑。

(2) 界面布局。测试界面是否符合移动终端平台的设计规范，是否支持横屏自适应窗口大小，色调是否统一，文字大小是否合理。

(3) 导航。测试导航操作是否直观，是否易于导航，是否需要搜索引擎，导航帮助是否准确直观，导航与页面结构、菜单、连接页面的风格是否一致。

(4) 图片。页面的图片应有其实际意义，而且要求整体有序美观，图片质量较高且图片尺寸在设计符合要求的情况下应尽量小，图片加载速度应使用户能够接受，同时要检测是否有敏感性图片。

(5) 内容。检测说明文字的内容与系统功能是否一致，文字内容是否表意不明，是否有错别字，是否有敏感性词汇、关键词。

3. 兼容性测试

兼容性测试可以分为内部兼容性测试和外部兼容性测试。需要测试的内容有：

(1) 系统平台。测试移动设备的存储空间、带宽、分辨率、运行能力等限制；测试网络环境，包括是否存在网络切换导致的连接不稳定，用户频繁操作是否导致程序异常，用户是否能够接受流量的消耗。

(2) 兼容性。测试程序与本地或主流 APP 是否兼容。

4. 性能测试

性能测试主要评估产品应用的时间特性和空间特性，包括：

(1) 响应能力：APP 的安装、启动、卸载、运行等操作是否满足用户响应时间要求。

(2) 压力测试：反复 / 长期操作下、系统资源 (包括 CPU 占用、内存占用、电量消耗等) 是否异常。

(3) Benchmark 测试 (基线测试)：进行与竞争产品的 Benchmarking 测试，包括产品演变对比测试等。

(4) 极限测试：在各种边界压力情况下，如电池、存储、网速等，验证 APP 是否能正确响应，如内存满时安装 APP，运行 APP 时手机断电，运行 APP 时断掉网络等。

5. 安全性检查

(1) 软件权限检查：检查用户注册登录信息的安全性，与个人财务账户有关的信息是否及时退出，访问手机信息、访问联系人信息等是否存在隐私泄露风险，应用程序是否存在扣费风险，是否对 APP 的输入有效性校验、认证、授权、敏感数据存储、数据加密、读取用户数据等方面进行检测。

(2) 数据安全性检查：确保输入的密码将不以明文形式显示，也不会被解码；密码或其他的敏感数据不会被储存在设备中；备份应该加密；恢复数据应考虑恢复过程的异常；应用程序应当有异常保护。

(3) 安装、卸载安全性检查：应用程序应能正确安装到设备驱动程序上；能够在安装设备驱动程序上找到应用程序的相应图标；检查是否包含数字签名信息；没有用户的允许，应用程序不能预先设定自动启动；检查卸载是否安全，卸载应该移除所有的文件；如果数据库中重要的数据正要被重写，应及时告知用户检查；被修改的配置信息是否复原；检查卸载是否影响其他软件的功能 。

(4) 网络安全性检查：公共免费网络环境中通过 SSL 认证来访问网络，需要对使用 HTTP Client 的 library 异常作捕获处理。

6. 安装卸载测试

(1) 安装测试：测试程序在不同操作系统下安装是否正常；测试安装空间不足时是否有相应提示；测试软件安装过程是否可以取消；测试软件安装过程中意外情况 (如死机、重启、断电) 的处理是否符合需求；测试是否有安装进度条提示。

(2) 卸载测试：测试直接删除安装文件夹卸载是否有提示信息；测试直接卸载程序是否有提示信息；测试卸载文件后是否全部删除所有的安装文件夹；测试卸载过程中出现的意外情况 (如死机、断电、重启) 的处理是否符合需求；测试卸载是否支持取消功能；测试单击取消后软件卸载的情况如何；测试是否有卸载状态进度条提示。

7. 运行测试

对 APP 运行时操作的测试包括：手机开锁屏对运行中的 APP 的影响，运行中的 APP 前后台切换的影响，飞行模式切换对运行中 APP 的影响，切换网络对运行中的 APP 的影响，多个运行中的 APP 的切换，低电量时运行 APP 的情况，APP 运行时关机，APP 运行时重启系统，APP 运行时充电，APP 运行时断网，APP 运行时接听来电、短信等。

8. 定位、照相机服务测试

APP 有用到相机、定位服务时，需要注意系统版本差异；有用到定位服务、照相机服务的地方，需要进行前后台的切换测试，检查应用是否正常；当定位服务没有开启时，使用定位服务，会友好性弹出是否允许设置定位提示；当确定允许开启定位时，能自动跳转到定位设置中开启定位服务；测试定位、照相机服务时，需要采用真机进行测试。

9. 时间测试

客户端可以自行设置手机的时区、时间，因此需要校验该设置对 APP 的影响。

思 考 题

1. 虚拟机上通过的测试在真机上一定会通过吗？为什么？
2. Android 的数据存储有哪些方式？
3. 请比较 Android 程序运行时权限与文件系统权限的区别。
4. 横竖屏切换的时候 Activity 的生命周期是怎样变化的？
5. 移动应用测试与传统的测试方法和内容还有哪些不同？

第8章　搭建测试环境

 本章学习目标：

☞ 了解 Android 应用系统常用自动化测试工具；

☞ 熟练掌握 Android 应用测试环境搭建与配置方法；

☞ 掌握必要的自动化测试方法。

8.1　常用自动化测试工具

Android Sdk 提供了 Monkey 和 Monkeyrunner 两个自动化测试工具。Monkey 主要应用于压力和可靠性测试；Monkeyrunner 主要可应用于功能测试、回归测试，并且可以自定义测试扩展，灵活性较强。

8.1.1　Monkey

Monkey 是一个命令行工具，可以运行在模拟器里或实际设备中。利用 Android SDK 中的 Android 调试桥 (adb)Shell，运行 Monkey 命令可以随机地向目标程序发送各种模拟键盘的用户事件流，并且可以自己定义发送的次数，以此观察被测应用程序的稳定性和可靠性，实现对正在开发的应用程序进行压力测试。

Monkey 测试是 Android 平台自动化测试的一种手段，通过 Monkey 程序可以模拟用户触摸屏幕 (Touch)、滑动 (Trackball)、按键等操作。

Monkey 程序由 Android 系统自带，使用 Java 语言写成。Monkey.jar 程序是由一个名为"monkey"的 Shell 脚本来启动执行。

Monkey 包括许多选项，它们大致分为四大类：

• 基本配置选项，如设置尝试的事件数量。

• 运行约束选项，如设置只对单独的一个包进行测试。

• 事件类型和频率。

• 调试选项。

在 CMD 窗口中执行 Monkey 的基本语法：

　　　$ adb shell monkey [options] <event-count>

如果不指定 options，Monkey 将以无反馈模式启动，并把事件任意发送到安装在目标环境中的全部包。

在 cmd 中执行 adb shell monkey -help，可以获取 Monkey 命令自带的简单帮助。

几个主要命令参数介绍如下：

-p：指定一个或多个包名 (Package，即 APP)。指定包之后，Monkey 将只允许系统启动指定的 APP。如果不指定包，Monkey 将允许系统启动设备中的所有 APP。

-v：指定详细的 Logcat，即日志的详细程度，总共分 Level0、Level1、Level2 三个级别，Level2 是最详细的日志。

--throttle < 毫秒 >：事件间隔，即指定用户操作间的时间延迟。

--pct-touch 50：触摸占比。

--pct-trackball 30：滑动占比。

-s：指定伪随机数生成器的 seed 值，用于控制伪随机事件序列。如果 seed 相同，则两次 Monkey 测试所产生的事件序列也相同。

--ignore -crashes：指定当应用程序崩溃 (Force & Close 错误) 时 Monkey 是否停止运行。如果使用此参数，即使应用程序崩溃，Monkey 依然会发送事件，直到事件计数完成。

--ignore -timeouts：指定当应用程序发生 ANR(Application No Responding) 错误时，Monkey 是否停止运行。如果使用此参数，即使应用程序发生 ANR 错误，Monkey 依然会发送事件，直到事件计数完成。

--ignore -security -exceptions：指定当应用程序发生许可错误时 (如证书许可、网络许可等)，Monkey 是否停止运行。如果使用此参数，即使应用程序发生许可错误，Monkey 依然会发送事件，直到事件计数完成。

Monkey 常用命令组合如下：

- monkey -p com.yourpackage -v 500 // 简单的输出测试的信息
- monkey -p com.yourpackage -v -v -v 500 // 以深度为三级输出测试信息
- monkey -p com.yourpackage --port 端口号 -v // 为测试分配一个专用的端口号，不过这个命令只能输出跳转的信息及有错误时输出信息
- monkey -p com.yourpackage -s 数字 -v 500 //为随机数的事件序列定一个值，若出现问题，下次可以重复同样的系列进行排错
- monkey -p com.yourpackage -v --throttle 3000 500 // 每执行一次有效的事件后休眠 3000 毫秒
- monkey -s 12 --throttle 450 -p com.android.cameraswitch --kill-process-after-error --ignore-timeouts --ignore-security-exceptions -v 10000 // 在 camera 模块中产生 1 万次伪随机操作 (包括触摸、按键、手势等)
- monkey -p com.yourpackage -v 500 > c:\monkey.txt // 执行命令且把 Log 存放到指定的 txt 文件中

8.1.2 Monkeyrunner

Monkeyrunner 工具主要用于测试功能 / 框架水平上的应用程序和设备，或用于运行单元测试套件。Monkeyrunner 工具提供了一个 API，使用此 API 编写程序可以在 Android 代

码之外直接控制 Android 设备和模拟器。

Monkeyrunner 为 Android 测试提供了以下独特的功能：

(1) 多设备控制：Monkeyrunner API 可以跨多个设备或模拟器实施测试套件。可以在同一时间接上所有设备或一次启动全部模拟器，依据程序依次连接到每一个，然后运行一个或多个测试。也可以用程序启动一个配置好的模拟器，运行一个或多个测试，然后关闭模拟器。

(2) 功能测试：Monkeyrunner 可以为一个应用自动贯彻一次功能测试。提供按键或触摸事件的输入数值，然后观察输出结果的截屏。

(3) 回归测试：Monkeyrunner 可以运行某个应用，并将其结果截屏与既定的已知正确的结果截屏相比较，以此测试应用的稳定性。

(4) 可扩展的自动化：由于 Monkeyrunner 是一个 API 工具包，可以开发基于 Python 模块和程序的一整套系统，以此来控制 Android 设备，也可以将自己写的类添加到 Monkeyrunner API 中。

Monkeyrunner API 主要包括三个模块：

① MonkeyRunner：这个类提供了用于连接 Monkeyrunner 和设备或模拟器的方法，它还提供了用于创建用户界面的显示方法。

② MonkeyDevice：代表一个设备或模拟器。这个类为安装和卸载包、开启 Activity、发送按键和触摸事件、运行测试包等提供了方法。

③ MonkeyImage：这个类提供了捕捉屏幕的方法。这个类为截图、将位图转换成各种格式、对比两个 MonkeyImage 对象、将 Image 保存到文件等提供了方法。

Monkeyrunner 运行命令语法如下：

```
monkeyrunner -plugin <plugin_jar> <programe_filename> <programe_option>
```

在运行 Monkeyrunner 之前必须先运行相应的模拟器，否则 Monkeyrunner 无法连接到设备。

8.1.3 Robotium

Robotium 是一款 Android 自动化测试框架，主要针对 Android 平台的应用进行黑盒自动化测试，它提供了模拟各种手势操作 (点击、长按、滑动等)、查找和断言机制的 API，能够对各种控件进行操作。

Robotium 结合 Android 官方提供的测试框架达到对应用程序进行自动化的测试。利用 Robotium 的支持，用例开发人员能够编写功能、系统和验收测试方案，跨越多个 Android Activities。Robotium 支持 Activities、Dialogs、Toasts、Menus 和 Context Menus。Robotium 自动化测试方法能够模仿普通用户行为，可以把一些原来由测试工程师做的测试转变成 Robotium 自动化实现。Robotium 的优点可归纳如下：

• 易用性，以最小的应用程序知识，开发功能强大的测试案例；

• 不依赖源代码，直接能测试应用程序的 apk，也能测试源码；

• 最短的时间写出测试用例，且测试用例易读；

• 框架支持多个 Activities 自动活动等；

- 通过运行时绑定 GUI 组件使测试用例更强大；
- 顺利整合了 Maven 或 Ant 来运行测试；
- 执行测试用例速度快。

需要注意的是，Android 系统要求每一个应用程序必须要经过数字签名才能安装到应用系统程序中。数字签名是用来标识应用程序的作者，能够让应用程序包自我认证的。数字签名不同，Android 系统则认为是不同的程序。因此，在测试应用程序的 apk 时，需要进行重新签名。推荐利用重新签名工具，如 re-sign.jar，官方下载地址为：http://code.google.com/p/robotium/downloads/list。

Robotium 源码获取及源 API 文档地址分别为：http://code.google.com/p/robotium/ 及 http://robotium.googlecode.com/svn/doc/index.html。

Robotium 安装步骤如下：

(1) 安装 JDK，安装并设置环境变量 JAVA/-HOME、CLASSPATH 和 path；

(2) 下载解压 Eclipse for java 工具；

(3) 下载解压 Android SDK，运行 SDK Manager.exe 文件；

(4) 下载 ADT，在 Eclipse 中安装 ADT 插件；

(5) 在 Eclipse 中设置 Android SDK 路径；

(6) 创建 Android 虚拟设备 AVD；

(7) 运行 robotium.jar 文件并安装。

步骤 (1)～(6) 为搭建配置 Android 测试环境，详细操作过程可参见 8.2 节。

8.1.4 Testin云测试平台

Testin 云测试平台是由北京云测信息技术有限公司提供的一个基于真实终端设备环境、基于自动化测试技术的 7×24 云端服务，官网地址为 http://www.testin.cn/。开发者只需在 Testin 平台提交自己的 APP，选择需要测试的网络、机型，便可进行在线的自动化测试，无须人工干预，自动输出含错误、报警等测试日志、UI 截图、内存、CPU、启动时间等在内的标准测试报告。Testin 账号分为普通用户、认证用户，分别享有不同的权限。

目前 Testin 平台支持 592 款 Android、15 款 iOS，覆盖 500 多款 4600 多台移动终端设备。主要提供的测试服务内容包括：

1. 安装卸载测试

测试 APP 在指定的百款批量终端上是否可正常安装、正常卸载，自动输出无法安装卸载及崩溃的错误原因，帮助开发者迅速查错，优化。

2. 运行稳定性测试

Testin 云测试采用比 Monkey 更为智能的自动化类压力测试方式，测试 APP 实际运行的稳定性，并记录运行中的错误及警告。

3. 功能遍历测试

Testin 云测试的智能算法自动识别 APP 可执行的功能，在一定时间内尽可能地遍历

APP 应用的所有功能，通过截图记录操作路径，并记录日志和崩溃现象。

4. 性能测试

测试 APP 在指定终端上运行时的性能数据，包括启动时间、CPU 消耗、内存消耗等，为 APP 性能优化提供参考。

5. 智能 UI 适配测试

基于真实的终端设备，测试并记录 APP 实际的显示界面与目标真实终端的屏幕是否适配。

8.1.5　Android Studio中的性能监测

Android Studio 是一个为开发 Android 平台程序提供的集成开发环境，可以为任何类型的 Android 设备快速有效地构建 APP，2013 年 5 月 16 日在 Google I/O 上发布，可供开发者免费使用。目前的版本已经更新到 2.0 以上。Android Studio 基于 JetBrains IntelliJIDEA，为 Android 开发特殊定制，并在 Windows、OSx 和 Linux 平台上均可运行。

Android Studio 提供了一系列 Android 性能监测工具，可以方便开发人员掌握 Android APP 性能，以便提高 APP 质量。Android Studio 提供的 Android 性能监测工具主要包括对以下几方面的关键性能进行监测：

1. 渲染能力

用户常常青睐那些界面设计精美、交互感强、体验超然的移动应用程序。但是，那些华丽的图片和动画并不是在所有的设备上都能够流畅地运行，一旦丢帧就会让用户很容易感觉到"卡顿（Jank）"。

Android 系统每隔 16 秒重新绘制一次 Activity。因此，APP 必须在 16 s 内完成屏幕刷新的全部逻辑操作，这样才能达到每秒 60 帧的速率。手机硬件决定了屏幕每秒刷新速度。现在大多数手机屏幕刷新频率大概在 60 Hz，这就意味着开发人员有 60 ms 的时间去完成每帧的绘制逻辑操作。

Android 系统的渲染分为两个关键组件：CPU 和 GPU，两者共同工作，在屏幕上绘制图片。每个组件都有自身定义的特定流程，必须遵守这些特定的操作规则才能达到效果。CPU 方面，最常见的性能问题是不必要的布局和失效，造成重建显示列表的次数太多或者花费太多时间进行不必要的重绘；GPU 方面，通常是在像素着色过程中，通过其他工具进行后期着色时浪费了 GPU 的处理时间。

打开手机"设置"中的"开发人员选项"，开启"显示 GPU 过渡绘制"，可以看到应用程序的过渡绘制情况，蓝、绿、淡红、红，4 种颜色分别代表从最优到最差的不同程度。优化代码，清除不必要的背景和图片，可以适当地减少红色区域，提高 App 渲染速度。

另一方面，View Hierarchy 中可能包含太多的无用的 View，一旦触发测量操作和布局操作，也会拖累应用程序的性能表现。借助 Hierarchy Viewer 工具可以查找并修复这些无用的 View。Hierarchy Viewer 可以快速可视化整个 UI 结构，并查看这个结构内的视图的相对渲染性能。在 Android Studio 中启动"Android Device Monitor"，选择"Hierarchy Viewer"即可对应用进行分析。

2. 运算速度

影响应用程序运行速度的因素除了硬件体系结构以外，编程语言和函数的设计也是重要的因素。为了在应用程序中分析卡顿问题、找到那些运行速度缓慢的函数，可以利用 Android SDK 提供的 Trace View 工具。

在 Android Studio 中启动"Android Device Monitor"，进入"DDMS"选项视图，跳转到"Devices"窗格，选择将要分析的 APP，点击"Start method profiling"按钮，即开始收集相关数据；在 APP 中进行一定的操作后再次点击该按钮则停止数据采集；视图中将显示这段时间中代码执行的性能。

DDMS 中的"Systrace"按钮则提供了对 Android 系统的性能跟踪功能，可以把函数流程及 CUP 状态记录下来，并生成 HTML 结果文件进行查看。

3. 内存性能

内存对系统的运行也有着很大的影响。内存分配、内存泄漏、Android Runtime 中的垃圾清理等，都会对系统的性能产生影响。我们可以通过 Heap Viewer 工具来查看内存状态以及空间占用率等情况，可以知道程序在特定时间内的内存使用量。

在 Android Studio 中启动"Android Device Monitor"，进入"DDMS"选项视图，选择"Heap"标签视图，选择相应的应用程序，点击"Start Monitoring"即开始监测内存状态。

在 Android Studio 中点击"Android Monitor"，也可方便查看 Memory 的使用状况。Android Monitor 同时还可以查看 CPU、Network、GPU 的运行状况。

4. 电池电量能力

众所周知，移动设备处理的任务越多，电池的消耗就越大。因为监测电量消耗并进行记录本身也会消耗电量，因此常采用第三方硬件或工具对手机等移动设备进行电量监测。通过实验监测发现，移动设备在飞行模式下几乎不消耗电量，而一旦唤醒屏幕，将会出现很大的电量消耗，移动蜂窝式无线发送和接收数据也会消耗很大的电量。

Battery Historian 工具可以帮助开发人员收集数据，了解应用程序对电池电量的使用情况。它通过 ADB 从手机上获取数据，然后将这些数据转化成 HTML 文件表格。Battery Historian 是一个独立的 Python 开源脚本，需要从 GitHub 上下载。

8.2　Android 测试环境的安装

1. 安装 JDK 并配置环境变量

(1) 在 Java 官网下载 Java SE(Java platform，Standard Edition) 的 JDK，下载完毕后直接双击启动安装。

- 注意操作系统类型，Windows 32 位下载 i586 文件，Windows 64 位下载 x64 文件。
- 注意不能安装在中文路径，且路径层次不能太深。
- 注意同一台计算机可以安装多个版本的 JDK，彼此互不冲突，相对来说，JDK1.7 比较稳定，推荐采用。

(2) 配置 Java 环境变量，设置 java 运行时环境。

- 右击"我的电脑"→属性→高级→环境变量→系统变量。
- 新建环境变量名：JAVA_HOME，变量值为 JDK 安装路径，如：C:\Java\jdk1.8.0。

操作如图 8-1 所示。

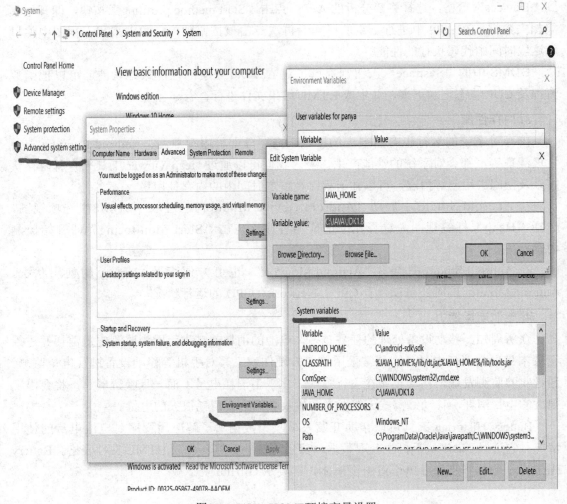

图8-1　JAVA_HOME环境变量设置

- 新建环境变量名：CLASSPATH，变量值：

　　%JAVA_HOME%/lib/dt.jar;%JAVA_HOME%/lib/tools.jar

操作如图 8-2 所示。

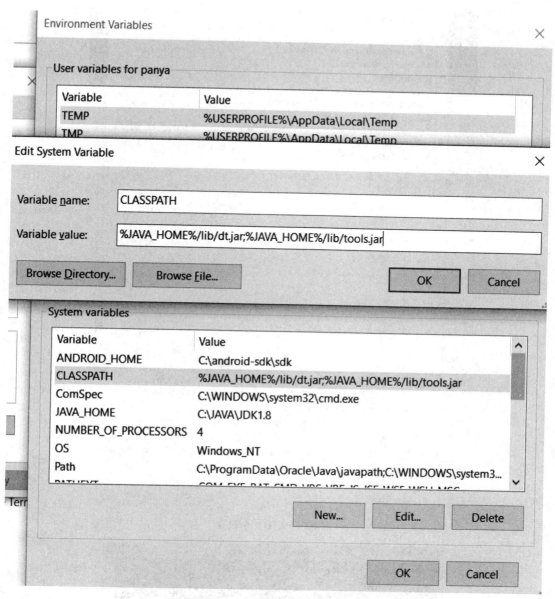

图8-2　CLASSPATH环境变量设置

• 找到 PATH 变量，追加如下目录：%JAVA_HOME%/bin;%JAVA_HOME%/jre/bin，如图 8-3 所示。

(3) 验证 JDK 安装是否正确。

• 打开 cmd 命令行窗口；

• 在命令行窗口中输入 java –version 并回车，如显示出当前版本即表示 JDK 安装成功，如图 8-4 所示。

• 运行 javac，能够显示帮助列表。

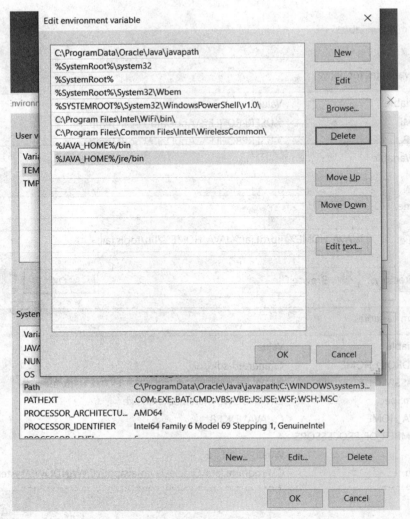

图8-3　PATH变量设置

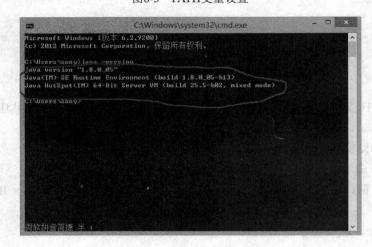

图8-4　JDK安装测试

2. 安装 Android SDK 并配置环境变量

(1) 下载 ADT Bundle，ADT Bundle 包含了 Eclipse、ADT 插件和 SDK Tools，是已经集成好的 IDE。

(2) 解压下载的文件，尽量不要解压到带有中文路径的文件目录下，目录也不要过深，如 C:\android-sdk。

(3) 新建 ANDROID_HOME 环境变量，变量值为 SDK 解压的路径，如 C:\android-sdk\sdk，见图 8-5。

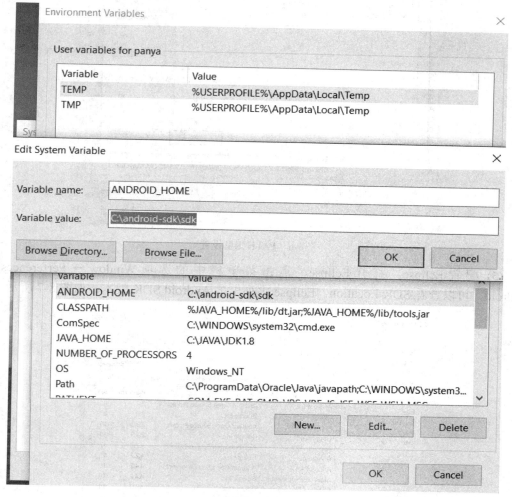

图8-5 ANDROID_HOME环境变量的设置

(4) 追加如下目录到PATH变量(见图8-6)：

tools 目录：%ANDROID_HOME%\tools

platform-tools 目录：%ANDROID_HOME%\platform-tools

build-tools 目录：%ANDROID_HOME%\build-tools

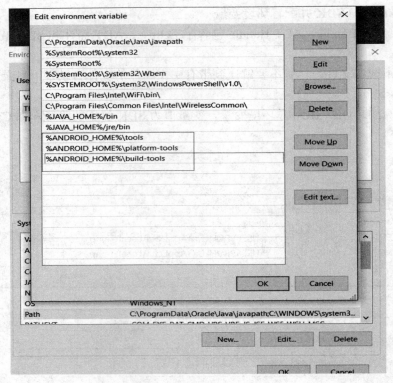

图8-6 PATH变量设置

(5) 配置 Eclipse。打开 Eclipse，点击菜单栏中的选项 Window → Perferences → Android，可以查看 SDK Location。Eclipse 中列出了 Android SDK 版本，如图 8-7 所示。

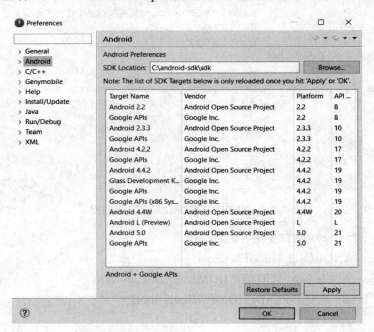

图8-7 在Eclipse中查看Android SDK

点击 Windows → Android SDK Manager，Android SDK Manager 可以更新本机上的 Android SDK 版本。

（6）设置虚拟机。打开 Eclipse，点击菜单栏中的选项 Window → Android Virtual Device Manager，可以用来管理和创建 Android Emulator。

图 8-8、8-9 和 8-10 分别演示了创建、启动、运行 Android 虚拟机的情况。

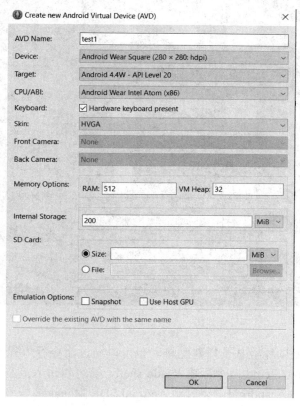

图8-8　创建虚拟机示例

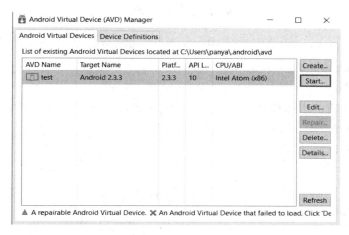

图8-9　启动虚拟机

图8-10　虚拟机启动运行界面

　　至此，Android 测试环境基本搭建完毕。也可以通过命令行方式验证 Android SDK 相关环境变量配置，如：在 cmd 命令行输入 adb shell，若可以进入到当前的虚拟机系统，则安装成功；在命令行输入 android，会启动 Android SDK Manager。

思 考 题

1. 如何抓取 Android 软件测试的日志文件？

2. 如何对 Android 的版本进行检测与更新？

3. 如何捕获 Activity 上的 Element？

4. 如何测试手机的电话接听功能？试设计足够的测试用例，以发现更多的问题。

5. Android Dvm 的进程和 Linux 的进程是同一概念吗？

6. 什么是 ANR？如何避免它？

第9章　Android 应用程序测试案例实践

本章学习目标：

☞ 了解待测系统，清楚测试需求和测试范围；
☞ 综合应用测试技术实施有效的系统测试；
☞ 掌握测试过程工作规范；
☞ 学会分析测试结果；
☞ 总结 Android 应用系统测试的一般方法。

本章选择了一个开源 Android 应用程序，在搭建的测试环境下，简要介绍了对该移动应用系统的测试，包括功能测试、性能测试及调优、稳定性测试等的实践过程。

9.1　测试需求分析

本测试案例选择基于 Android 的四次元新浪微博客户端软件。该程序界面清新无广告，没有多余的干扰，具有发送微博，评论、转发、收藏微博，查看个人资料，查看总微博数、关注数、粉丝数、评论数，以及设置主题、防打扰模式、首页过滤等功能；用户可以通过手机或者邮箱直接注册账号；注册后用户即可进行登录，支持多个账号同时登录，随时切换账号；发送微博可附带地理位置、表情、图片。

系统开发环境为

- 操作系统：Windows 7；
- 数据库：SQLite；
- 开发语言：Java；
- 开发工具：Eclipse+ADT(Android Development Tools)。

系统主要功能如表 9-1 所示。

表 9-1　四次元新浪微博系统主要功能表

模块名称	功能编号	功能点	功能描述	输入项	输出项
注册	FUN–001	注册	手机注册	手机号： 密码： 短信验证码：	输入正确则注册成功，输入错误则提示相应错误信息
	FUN–002		邮箱注册	邮箱： 密码： 昵称： 短信验证码：	输入正确则注册成功，输入错误则提示相应错误信息

模块名称	功能编号	功能点	功能描述	输入项	输出项
登录	FUN–003	登录	用户登录	账号： 密码： 验证码：	输入正确则登录成功，输入错误则提示相应错误信息
注销模块	FUN–004	注销	用户注销	菜单页 – 注销	成功注销
微博模块	FUN–005	写微博	写微博	微博内容 表情、文字、照片、@、增加话题	字数在 140 字以内能发送成功，140 字以外则系统提示内容太多了；不能发送空的微博；@ 好友的微博，好友能及时收到
	FUN–006	转发微博	转发好友的微博	选择要转发的微博	成功转发好友的微博并且好友能得到相应的提示
	FUN–007	评论	评论微博	评论内容：	评论成功并且好友能收到，也可以评论自己的微博
	FUN–008	提及	提及好友	好友名称：	提及好友的微博，好友能得到提示
	FUN–009	收藏	收藏微博	选择要收藏的微博	收藏成功
	FUN–010	个人资料	查看个人情况		查看自己发送的微博的总数、自己所关注的人的总数、自己的粉丝的总数、自己添加的话题的总数
设置模块	FUN–011	显示	主题、头像、图片、字体大小	（略）	（略）
	FUN–012	阅读	（略）	（略）	（略）
	FUN–013	音效	（略）	（略）	（略）
	FUN–014	通知	（略）	（略）	（略）
⋮	⋮	⋮	⋮	⋮	⋮

本次系统测试主要验证系统基本功能是否正确，用户体验是否良好，如启动、登录加载速度应该控制在 3 s 以内，系统是否存在稳定性、可靠性等问题。

最低系统要求具有 Android 4.1 及以上的硬件设备。

9.2　测 试 计 划

9.2.1　测试环境及工具

表 9-2 列出了本次测试的软硬件环境。

表 9-2　测 试 环 境

软件环境（相关软件、操作系统等）
Windows 7(64)、Android 4.3、JDK1.8.0、Android SDK4.4.2
Eclipse ADT v22.6.2、Monkey
Robotium-solo 5.2.1
硬件环境（网络、设备等）
PC 一台 (Dell CPU：Inter i5-3337U 1.80GHz、内存：4.00GB)
红米（内存：1GB）、华为荣耀 X1、HTC、模拟机
网络：2G、3G、WiFi

测试使用的主要工具有：

- 功能测试：Robotium 5.2.1；
- 健壮性测试：Monkey；
- 兼容性、性能测试：Testin 云测平台（北京云测网络科技有限公司）。

9.2.2　测试策略

1. 功能测试

功能测试策略如表 9-3 所述。

表 9-3　功能测试策略

测试目标	四次元新浪微博客户端的功能
测试范围	注册登录注销模块、微博模块（首页、提及、评论、收藏、个人资料、写微博）、设置模块（设置、主题）以及 Home 键、菜单键、返回键、音量键的使用
技术	使用 Robotium 测试框架测试登录注销模块、微博模块（首页、提及、评论、收藏、个人资料、写微博）等的功能； 手工测试注册模块、设置模块（设置、主题）以及 Home 键、菜单键、返回键、音量键的使用等
完成标准	程序不出现崩溃、闪退情况，功能能正常使用
测试重点和优先级	重点测试微博模块，其次设置模块、注册登录模块

2. 用户界面及体验测试

用户界面及体验测试相关内容见表 9-4。

表 9-4　用户及界面体验测试策略

测试目标	四次元新浪微博客户端的用户界面及体验
测试范围	设置模块设置前后的各个 Activity 显示及用户体验
技术	手工测试
完成标准	成功地核实出各个窗口均与大众欣赏水平保持一致，或符合可接受标准
测试重点和优先级	微博模块的用户体验

主要测试内容包括导航测试、图形测试和整体界面测试。

1) 导航测试

导航测试测试关于用户操作的一个常规习惯性的方式，从安装程序的导航界面开始，对按钮、窗口、对话框、列表等方面进行体验测试，如：

(1) 导航是否通俗易懂、直观；

(2) 页面结构、菜单、链接的风格是否一致；

(3) 界面间的跳转是否流畅。

2) 图形测试

如果移动端图形美观则可以吸引更多的用户。图形测试包括图片、颜色、边框、字体、背景等的测试，如：

(1) 图片或动画之间连接要恰当，且其有明确的用途；因屏幕尺寸的限制，图片要尽量的小且能说明其意图。

(2) 字体颜色和背景要搭配合理，页面字体风格要一致。

3) 整体界面设计

整体界面设计主要指整个系统的页面结构设计，要让用户第一感觉舒适、美观、统一。

3. 性能评测

性能测试策略见表 9-5。

表 9-5　性能测试策略

测试目标	四次元新浪微博客户端性能
测试范围	安装耗时、启动耗时、CPU 占用、内存占用、电池温度及网络流量
技术	Testin 云测
完成标准	安装、启动时间不能超过 5 s
测试重点和优先级	安装启动耗时，CPU 内存占用
需考虑的特殊事项	选用多个设备进行测试

4. 健壮性测试

健壮性测试主要是利用 Monkey 查看该程序的健壮性，即多次随机地任意点击程序中界面的各种视图，看程序是否会出现崩溃的现象。测试策略见表 9-6。

表 9-6　健壮性测试策略

测试目标	四次元新浪微博客户端健壮性
测试范围	整个软件
技术	Monkey 工具
完成标准	对于 5000 次的随机点击系统不会崩溃
测试重点和优先级	无
需考虑的特殊事项	无

5. 安全性和访问控制测试

程序的安全性和访问控制测试就是验证程序是否能阻止非法用户名、口令的正常登录，合法用户的登录是否有次数的限制；程序是否有超过本身的多余访问权限，是否有扣费的风险。测试策略见表9-7。

表 9-7　安全性测试策略

测试目标	四次元新浪微博客户端安全性与访问控制
测试范围	权限（是否有超过程序所需、所规定范围的权限）、用户个人信息和隐私是否泄漏，是否有扣费风险（电话、短信）
技术	手工测试
完成标准	无扣费风险，安装程序所规定的权限没有超过程序所需的权限
测试重点和优先级	权限、扣费
需考虑的特殊事项	

6. 兼容性测试

兼容性测试的测试策略见表9-8。

表 9-8　兼容性测试策略

测试目标	四次元新浪微博客户端的兼容性
测试范围	不同分辨率、尺寸、系统的安装、启动、运行及卸载
技术	Testin 云测
完成标准	在不同分辨率、尺寸、系统的设备上都能正常安装、正常启动、正常运行、正常卸载
测试重点和优先级	不同分辨率和系统
需考虑的特殊事项	Android 系统应在 4.1 及以上，磁盘空间不足

该程序源码 AndroidManifest.xml 文件中 android:minSdkVersion="16"，即最低系统要求具有 Android 4.1 及以上版本，所以本次选择的系统版本有 Android 4.1、4.2、4.3、4.4、5.0，在这些操作系统版本中测试该程序的兼容性（正常安装、正常启动、正常运行、正常卸载）。

因手机分辨率的巨大差别，这里选择在 800×480、960×540、1920×1080、1280×720、2560×1440、854×480 分辨率下查看程序是否能正常安装、正常启动、正常运行、正常卸载。

7. 网络环境测试

网络环境测试策略见表9-9。

表 9-9　网络环境测试策略

测试目标	四次元新浪微博客户端在不同网络环境下的运行测试
测试范围	2G、3G、Wi-Fi、弱网
技术	手工测试
完成标准	在不同的网络环境下能正常工作
测试重点和优先级	3G、Wi-Fi、弱网
需考虑的特殊事项	弱网下是否能正常工作

9.2.3 测试标准

根据移动应用 APP 的质量要求及测试需求，定义缺陷级别标准如表 9-10 所示。

表 9-10　缺陷级别定义

问题类别	问题级别	描　　述
A 类	致命级	① 程序无法正常运行或程序无法跑通：无法正常启动、异常退出、Crash、资源不足、死循环、崩溃或严重资源不足等； ② 安全问题：支付漏洞、被劫持、信息被盗取、被注入等； ③ 核心功能 / 页面：无法访问或数据异常等
B 类	严重级	核心功能无法完成、功能报错、数据错误等，但不会影响程序运行
C 类	缺陷级	① 核心功能已实现，但有阻碍，如出现页面变形，信息 / 操作按钮显示不全等； ② 次要功能未显示或无法使用，如功能报错、数据错误等，但不会影响程序的其他功能
D 类	瑕疵级	非核心功能页面出现变形，图片文字等显示不完整，但基本不影响用户使用，如文字描述不清，界面样式问题，文字排列不整齐、出现错别字，一些非关键功能跳转 / 数据错误等
E 类	建议级	对用户体验造成影响的问题，或可以提升用户体验的建议，如不符合常规用户习惯，引导不够明确等

本次测试通过标准如下：

(1) 完全通过：其主要功能对应测试用例通过率达到 100%；无 A、B 类错误，C 类错误 <1%，D 类错误 <5%。

(2) 基本通过：其次要功能对应测试用例通过率达到 70% 及其以上，并且不存在致命级和严重的缺陷。

(3) 不通过：其测试用例通过率未达到 70%，或者存在致命级和严重的缺陷。

9.3　功 能 测 试

根据注册、登录、注销模块的需求，采用边界值法、等价类法、错误推断法设计测试用例。测试用例见表 9-11 所示。

限于篇幅，此处未能列出其他功能模块的测试用例设计与执行情况。其基本方法及测试流程与此类似，不再赘述。在测试结果分析中，会对发现的所有功能缺陷进行统计。

表 9-11　注册登录注销等模块功能测试用例

项目名称		注册登录注销模块功能测试				
用例编号	用例说明	输入数据	步　骤	预期结果	实际结果	测试结果 (P/F)
TS_001	邮箱注册—所有空值	登录名 (邮箱)： 设置密码 (6 ~ 16 位)： 昵称 (4 ~ 24 位)： 已阅读并同意：是	① 进入程序→点击正下方的 "＋" 按钮→点击 "网页授权" 进入→点击 "注册" 按钮； ② 点击 "邮箱注册"，输入相应的数据并点击 "立即注册"	邮箱不能为空	提示邮箱不能为空	P

用例编号	用例说明	输入数据	步 骤	预期结果	实际结果	测试结果 (P/F)
TS_002	邮箱注册—邮箱为空	登录名（邮箱）： 设置密码(6 ~ 16位)：abcde123 昵称（4 ~ 24 位）：abcde878878878 已阅读并同意：是	① 进入程序→点击正下方的"＋"按钮→点击"网页授权"进入→点击"注册"按钮； ② 点击"邮箱注册"，输入相应的数据并点击"立即注册"	邮箱不能为空	提示邮箱不能为空	P
TS_003	邮箱注册—设置密码为空	登录名（邮箱）：878878878@qq.com 设置密码(6 ~ 16位)： 昵 称（4 ~ 24 位）：abcde878878878 已阅读并同意：是	① 进入程序→点击正下方的"＋"按钮→点击"网页授权"进入→点击"注册"按钮； ② 点击"邮箱注册"，输入相应的数据并点击"立即注册"	密码不能为空	提示密码不能为空	P
TS_004	邮箱注册—昵称为空	登录名（邮箱）：878878878@qq.com 设置密码(6 ~ 16位)：abcde123 昵称（4 ~ 24 位）： 已阅读并同意：是	① 进入程序→点击正下方的"＋"按钮→点击"网页授权"进入→点击"注册"按钮； ② 点击"邮箱注册"，输入相应的数据并点击"立即注册"	昵称不能为空	提示昵称不能为空	P
TS_005	邮箱注册—不勾选已阅读并同意	登录名（邮箱）：878878878@qq.com 设置密码(6 ~ 16位)：abcde123 昵称（4 ~ 24 位）：abcde878878878 已阅读并同意：	① 进入程序→点击正下方的"＋"按钮→点击"网页授权"进入→点击"注册"按钮； ② 点击"邮箱注册"，输入相应的数据并点击"立即注册"	请同意并勾选新浪网络使用协议	提示请同意并勾选新浪网络使用协议	P
TS_006	邮箱注册—错误的邮箱	登录名（邮箱）：878878878@qq 设置密码(6 ~ 16位)：abcde123 昵 称（4 ~ 24 位）：abcde878878878 已阅读并同意：是	① 进入程序→点击正下方的"＋"按钮→点击"网页授权"进入→点击"注册"按钮； ② 点击"邮箱注册"，输入相应的数据并点击"立即注册"	邮箱格式错误，请重新输入	提示邮箱格式错误	P
TS_007	邮箱注册—少于6位的密码	登录名（邮箱）：878878878@qq.com 设置密码(6 ~ 16位)：123 昵称（4 ~ 24 位）：abcde878878878 已阅读并同意：是	① 进入程序→点击正下方的"＋"按钮→点击"网页授权"进入→点击"注册"按钮； ② 点击"邮箱注册"，输入相应的数据并点击"立即注册"	密码为6 ~ 16位，请重新输入	提示密码长度不足	P

续表二

用例编号	用例说明	输入数据	步　骤	预期结果	实际结果	测试结果(P/F)
TS_008	邮箱注册—多余16位的密码	登录名（邮箱）：878878878@qq.com 设置密码(6～16位)：1234567891011121314 昵称（4～24位）：abcde878878878 已阅读并同意：是	① 进入程序→点击正下方的"＋"按钮→点击"网页授权"进入→点击"注册"按钮；② 点击"邮箱注册"，输入相应的数据并点击"立即注册"	输入无法超过16位	提示输入不能超过16位	P
TS_009	邮箱注册—昵称少于4位	登录名（邮箱）：878878878@qq.com 设置密码(6～16位)：abcde23 昵称（4～24位）：ab 已阅读并同意：是	① 进入程序→点击正下方的"＋"按钮→点击"网页授权"进入→点击"注册"按钮；② 点击"邮箱注册"，输入相应的数据并点击"立即注册"	昵称必须为4～24位字符	提示昵称必须为4～24位字符	P
TS_010	邮箱注册—昵称多余24位	登录名（邮箱）：878878878@qq.com 设置密码(6～16位)：abcde123 昵称（4～24位）：ab12345678910 11121314151617 已阅读并同意：是	① 进入程序→点击正下方的"＋"按钮→点击"网页授权"进入→点击"注册"按钮；② 点击"邮箱注册"，输入相应的数据并点击"立即注册"	昵称必须为4～24位字符	提示昵称必须为4～24位字符	F
TS_011	邮箱注册—密码"隐藏"功能	设置密码(6～16位)：abcde123	① 进入程序→点击正下方的"＋"按钮→点击"网页授权"进入→点击"注册"按钮；② 点击"邮箱注册"，输入相应的数据并点击"隐藏"按钮	隐藏了输入的密码	提示隐藏了输入的密码	P
TS_012	邮箱注册—正确的数据—错误的电话号码	登录名（邮箱）：878878878@qq.com 设置密码(6～16位)：abcde123 昵称（4～24位）：abcde878878878 已阅读并同意：是 选择：中国大陆 手机号码：153866658	① 进入程序→点击正下方的"＋"按钮→点击"网页授权"进入→点击"注册"按钮；② 点击"邮箱注册"，输入相应的数据并点击"立即注册"③ 再次输入相应的数据后，点击"获取短信验证码"	手机号码格式错误，请重新输入	提示手机号码格式错误	P

续表三

用例编号	用例说明	输入数据	步　骤	预期结果	实际结果	测试结果 (P/F)
TS_013	邮箱注册—正确的数据—正确的电话号码	登录名 (邮箱):878878878@qq.com设置密码(6～16位):abcde123昵称 (4～24位):abcde878878878已阅读并同意:是选择:中国大陆手机号码:153866658短信验证码:326554	① 进入程序→点击正下方的"＋"按钮→点击"网页授权"进入→点击"注册"按钮;② 点击"邮箱注册",输入相应的数据并点击"立即注册";③ 再次输入相应的数据后,点击"获取短信验证码";④ 输入获取到的短信验证码,点击"完成注册",点击"进入微博"	成功注册	成功注册	P
TS_014	手机注册—非数字格式的输入	选择"中国大陆"登录名 (手机号):123mn设置密码(6～16位):abcde123已阅读并同意:是	① 进入程序→点击正下方的"＋"按钮→点击"网页授权"进入→点击"注册"按钮;② 点击"手机注册",输入相应的数据并点击"获取短信验证码"	手机号码格式错误,请重新输入	提示手机号码格式错误	P
TS_015	手机注册—不为6位数的验证码	选择"中国大陆"登录名 (手机号):15386665847设置密码(6～16位):abcde123已阅读并同意:是短信验证码:99833	① 进入程序→点击正下方的"＋"按钮→点击"网页授权"进入→点击"注册"按钮;② 点击"手机注册",输入相应的数据并点击"获取短信验证码";③ 输入短信验证码,点击"完成注册",点击"进入微博"	验证码格式错误,请重新输入	提示验证码格式错误	P
TS_016	手机注册—错误的验证码	选择"中国大陆"登录名 (手机号):15386665847设置密码(6～16位):abcde123已阅读并同意:是短信验证码:998334	① 进入程序→点击正下方的"＋"按钮→点击"网页授权"进入→点击"注册"按钮;② 点击"手机注册",输入相应的数据并点击"获取短信验证码";③ 输入短信验证码,点击"完成注册",点击"进入微博"	短信验证码错误	提示短信验证码格式错误	P

续表四

用例编号	用例说明	输入数据	步骤	预期结果	实际结果	测试结果 (P/F)
TS_017	手机注册—正确的验证码	选择"中国大陆" 登录名(手机号): 15386665847 设置密码(6～16位): abcde123 已阅读并同意:是 短信验证码:998333	① 进入程序→点击正下方的"＋"按钮→点击"网页授权"进入→点击"注册"按钮; ② 点击"手机注册",输入相应的数据并点击"获取短信验证码"; ③ 输入短信验证码,点击"完成注册",点击"进入微博"	成功注册	成功注册	P
TS_018	手机注册—相同手机重复注册	选择"中国大陆" 登录名(手机号): 15386665847 设置密码(6～16位): abcde123 已阅读并同意:是	① 进入程序→点击正下方的"＋"按钮→点击"网页授权"进入→点击"注册"按钮; ② 点击"手机注册",输入相应的数据并点击"获取短信验证码"	你的手机以前已注册过,请返回到起始页直接登录	提示已经注册过	P
TS_019	登录—账号为空	账号: 密码:abcde123	① 进入程序→点击正下方的"＋"按钮→点击"网页授权"进入; ② 输入相应的数据后点击"登录"; ③ 点击"允许"或者"忽略"按钮; ④ 点击登录列表中的账号	请输入微博账号	提示输入微博账号	P
TS_020	登录—密码为空	账号:15386665847 密码:	① 进入程序→点击正下方的"＋"按钮→点击"网页授权"进入; ② 输入相应的数据后点击"登录"	请输入	提示输入密码	P
TS_021	登录—错误的账号	账号:153866658 密码:abcde123	① 进入程序→点击正下方的"＋"按钮→点击"网页授权"进入; ② 输入相应的数据后点击"登录"	登录名或密码错误	提示登录名或密码错误	P
TS_022	登录—错误的密码	账号:15386665847 密码:abcde123456	① 进入程序→点击正下方的"＋"按钮→点击"网页授权"进入; ② 输入相应的数据后点击"登录"	登录名或密码错误		P

续表五

用例编号	用例说明	输入数据	步　骤	预期结果	实际结果	测试结果 (P/F)
TS_023	登录——账号后面加空格	账号：15386665847 密码：abcde123	① 进入程序→点击正下方的"＋"按钮→点击"网页授权"进入； ② 输入相应的数据后点击"登录"	登录名或密码错误	成功登录	F
TS_024	登录——密码后面加空格	账号：15386665847 密码：abcde123	① 进入程序→点击正下方的"＋"按钮→点击"网页授权"进入； ② 输入相应的数据后点击"登录"	登录名或密码错误	成功登录	F
TS_025	登录——在账号中间加入空格	账号：153 86665847 密码：abcde123	① 进入程序→点击正下方的"＋"按钮→点击"网页授权"进入； ② 输入相应的数据后点击"登录"	登录名或密码错误	提示登录名或密码错误	P
TS_026	登录——正确的账号和密码	账号：15386665847 密码：abcde123	① 进入程序→点击正下方的"＋"按钮→点击"网页授权"进入； ② 输入相应的数据后点击"登录"； ③ 点击"允许"或者"忽略"按钮，在弹出的对话框上点击"确定"按钮； ④ 点击登录列表中的账号	登录成功	登录成功	P
TS_027	注销	账号：15386665847 密码：abcde123	① 进入程序→点击正下方的"＋"按钮→点击"网页授权"进入； ② 输入相应的数据后点击"登录"； ③ 点击"允许"或者"忽略"按钮，在弹出的对话框上点击"确定"按钮； ④ 点击登录列表中的账号； ⑤ 点击左上角的菜单，点击"注销"按钮； ⑥ 再次点击程序	注销成功	再次点击程序，直接进入到首页	F

可以使用 Robotium 自动化测试工具，根据四次元新浪微博客户端源码编写测试用例代码，部分代码如下：

```
public void testfun() throws Exception {
                solo.unlockScreen();
                solo.clickOnView(solo.getView(R.id.menu_add_account));
                solo.clickInList(1);
                solo.waitForText(" 登录 ", 2, 10000);
                solo.enterTextInWebElement(By.name("userId"), "");
                solo.enterTextInWebElement(By.name("passwd"), "abcde123");
                solo.clickOnWebElement(By.className("btnP"));
                assertTrue("Wrong fun_02_01", solo.searchText(" 请输入微博帐号 "));
                solo.takeScreenshot("fun_02_01");
        }
```

因移动应用自身的特点，在测试中，除了充分考虑业务逻辑功能外，还应该测试用户操作流程以及用户在不同环境下的异常情况。

9.4　性能测试

因移动端平台的特殊性，性能对于移动客户端影响可谓是至关重要的，其性能测试也有异于 PC 端，本次测试主要通过 Testin 云平台进行，主要测试内容包括安装耗时、启动耗时、CPU 占用、内存占用、电池温度及网络流量。

共在 185 台移动终端设备上运行测试，华为 P7-L09(Android 4.4.2)、七喜 T730 (Android 4.2.2) 两种机型测试未能执行，索尼 L39h(Android 4.2.2) 仅执行安装、启动监测，运行未能成功执行。图 9-1 为本次测试的部分机型硬件详细信息示例。

Testin 云测试平台发回的测试报告列出了参与测试的移动终端平台的性能指标监测数，性能总体情况见表 9-12。

启动时间指从点击桌面图标到 onResume 的时间。

表 9-12　性能指标概况

性能指标概况						
	安装耗时 /s	启动耗时 /s	CPU 占用 /%	内存占用 /MB	电池温度 /℃	网络流量 /B
平均值	8.26	0.79	1.87	22.17	33.0	593.45
峰值	38.66	6.2	100.0	92.45	48.1	100893.0
手机型号	小蜜蜂 Bee2A 4.1.2	三星 SM- G3502U 4.2.2	菲乐普 T9 4.2.2	HTC M8St 4.4.2	三星 SCH- P729 4.2.2	夏新 A900T 4.2.2

机型硬件信息											
手机型号	手机系统	测试结果	屏幕尺寸	屏幕分辨率	覆盖活跃用户数	用户覆盖量百分比	cpu频率	cpu型号	物理内存	内部存储空间	SD卡
HTC 301e 4.1.2	4.1.2	通过	4.3	480*800	10万	0.03%	1008MHZ	g3u	404MB(120MB可用)	1662MB	1.87GB(1.52GB可用)
HTC 606w 4.1.2	4.1.2	通过	4.5	540*960	31万	0.09%	1209MHZ	cp3dug	779MB(374MB可用)	4754MB	4.69GB(4.54GB可用)
HTC 608t 4.1.2	4.1.2	通过	4.5	540*960	10万	0.03%	1209MHZ	cp3dtg	779MB(276MB可用)	4432MB	4.69GB(4.23GB可用)
HTC M8St 4.4.2	4.4.2	通过	5.0	1080*1920	10万	0.03%	2457MHZ	Qualcomm MSM8974	1.78GB(980MB可用)	10176MB	10.33GB(9.83GB可用)
OPPO N1T 4.2.2	4.2.2	通过	5.9	1080*1920	10万	0.03%	1728MHZ	QCT APQ8064 MTP	1.88GB(1.11GB可用)	2487MB	9.81GB(9.80GB可用)
OPPO R2017 4.3	4.3	通过	4.7	540*960	10万	0.03%	1190MHZ	Qualcomm MSM 8226 (Flattened Device	844MB(201MB可用)	3710MB	4.86GB(3.57GB可用)
OPPO R6007 4.3	4.3	通过	4.7	720*1280	10万	0.03%	1593MHZ	Qualcomm MSM 8226 (Flattened Device	844MB(172MB可用)	3291MB	4.86GB(3.16GB可用)
OPPO R8007 4.3	4.3	通过	5.0	720*1280	10万	0.03%	1593MHZ	Qualcomm MSM 8226 (Flattened Device	860MB(161MB可用)	11523MB	11.99GB(11.20GB可用)
OPPO R821T 4.2.2	4.2.2	通过	4.0	480*800	164万	0.48%	1209MHZ	MT6572	476MB(156MB可用)	860MB	7.39GB(7.36GB可用)
OPPO R823T 4.2.1	4.2.1	通过	4.0	480*800	10万	0.03%	1209MHZ	MT6589	976MB(520MB可用)	249MB	7.20GB(7.19GB可用)
OPPO R829T 4.2.2	4.2.2	通过	5.0	720*1280	10万	0.03%	1300MHZ	MT6582	960MB(296MB可用)	2544MB	10.42GB(10.42GB可用)
OPPO R833T 4.2.2	4.2.2	通过	4.3	480*800	10万	0.03%	1300MHZ	MT6582	973MB(419MB可用)	739MB	7.39GB(7.39GB可用)
TCL J730U 4.3	4.3	通过	5.0	480*854	10万	0.03%	1190MHZ	Qualcomm MSM 8226 (Flattened Device	1.00GB(358MB可用)	1210MB	1.83GB(1.18GB可用)
华为 C8817L 4.3	4.3	通过	5.0	540*960	10万	0.03%	1190MHZ	Qualcomm MSM 8926 (Flattened Device	862MB(299MB可用)	485MB	843MB(842MB可用)
华为 G520-5000	4.1.2	通过	4.5	480*854	128万	0.38%	1209MHZ	MT6589	469MB(120MB可用)	831MB	1.78GB(1.76GB可用)
华为 G520-T10	4.2.1	通过	4.5	480*854	46万	0.14%	1209MHZ	MT6589	468MB(48MB可用)	1480MB	2.20GB(1.39GB可用)
华为 G525-U00	4.1.2	通过	4.5	540*960	15万	0.04%	1209MHZ	MSM8x25 G520U BOARD	851MB(537MB可用)	841MB	1.05GB(1.05GB可用)
华为 G610-U00	4.2.1	通过	5.0	540*960	71万	0.21%	1209MHZ	MT6589	975MB(229MB可用)	1926MB	2.20GB(1.83GB可用)
华为 G620-L72 4.3	4.3	通过	5.0	540*960	10万	0.03%	1190MHZ	Qualcomm MSM 8926 (Flattened Device	862MB(358MB可用)	907MB	795MB(795MB可用)
华为 G6-U00 4.3	4.3	通过	4.5	540*960	10万	0.03%	1190MHZ	Qualcomm MSM 8x1x (Flattened Device	912MB(290MB可用)	500MB	947MB(947MB可用)
华为 G730-U00	4.2.2	通过	5.5	540*960	10万	0.03%	1300MHZ	MT6582	972MB(349MB可用)	1671MB	2.18GB(1.58GB可用)
华为 G730-U30 4.3	4.3	通过	5.5	540*960	10万	0.03%	1190MHZ	Qualcomm MSM 8x1x (Flattened Device	912MB(342MB可用)	833MB	867MB(867MB可用)
华为 G750-T00	4.2.2	通过	5.5	720*1280	10万	0.03%	1664MHZ	MT6592	1.91GB(689MB可用)	4724MB	5.41GB(4.56GB可用)
华为 G750-T01	4.2.2	通过	5.5	720*1280	10万	0.03%	1365MHZ	MT6592	1.91GB(652MB可用)	4240MB	5.41GB(4.09GB可用)

图9-1 部分机型硬件信息

　　其中，内存占用指通过 Android API 层获取该应用所有进程的 PSS 总和，每 3 ~ 5 s 获取一次。Testin 通过跟踪整个 APP 运行期间的内存 PSS 变化情况，从内存方面监测性能；

　　CPU 占用率通过 Top 指令 (Linux) 获取，每 3 ~ 5 s 获取一次；

　　流量消耗指通过 Android API 层获取 APP UID 相关的数据，每 3 ~ 5 s 获取一次，包括上行、下行流量的速率、总值；

　　各指标详细测试结果分别见表 9-13 至表 9-18。

表 9-13 安装耗时指标

区间 /s	3.33~10.40	10.41~17.47	17.48~24.54	24.55~31.61	31.62~38.66
个数	150	23	8	1	1
占比	82.00%	12.60%	4.40%	0.50%	0.50%

表 9-14 程序启动耗时指标

区间 /s	0.29~1.47	1.48~2.65	2.66~3.83	3.84~5.01	5.02~6.20
个数	177	4	1	0	1
占比	96.70%	2.20%	0.50%	0.00%	0.50%

表 9-15　CPU 占用率指标

区间 /%	0.00~20.00	20.10~40.00	40.10~60.00	60.10~80.00	80.10~100.00
个数	182	0	0	0	0
占比	100.00%	0.00%	0.00%	0.00%	0.00%

表 9-16　内存占用指标

区间 /%	3.18~21.03	21.04~38.88	38.89~56.73	56.74~74.58	74.59~92.45
个数	108	66	8	0	0
占比	59.30%	36.30%	4.40%	0.00%	0.00%

表 9-17　电池温度指标

区间 /℃	−40.00~−22.38	−22.37~−4.76	−4.75~12.86	12.87~30.48	30.49~48.10
个数	1	2	2	42	135
占比	0.50%	1.10%	1.10%	23.10%	74.20%

表 9-18　网络流量指标

区间 /B	0~20178	20179~40356	40357~60534	60535~80712	80713~100893
个数	182	0	0	0	0
占比	100.00%	0.00%	0.00%	0.00%	0.00%

从参加测试的 185 台设备测试监测数据来看，安装耗时较长，平均值为 8.26 s；启动耗时、CPU 占用率、内存占用率、电池温度及网络流量均符合需求。

9.5　其他非功能性测试

非功能性测试，主要包括用户界面及体验测试、健壮性测试、安全和访问控制测试、兼容性测试和网络环境测试等。

9.5.1　用户界面及体验测试

1. 导航测试

通过不同测试人员手工测试，得出结果如下：

(1) 通过页面走查，浏览了界面的导航栏，导航 (如首页、收藏、评论等) 直观、通俗易懂。

(2) 浏览整个界面，菜单选项清晰、简单、明显，但是还存在以下缺陷：

• BUG_S01：正常登录进入—进入个人资料—在上侧的头像处左右滑动，左右滑动操作不易，有时会把菜单界面滑动出来；

• BUG_S02：正常登录进入—进入个人资料—点击进入"话题数"—新增一个话题，该界面没有下拉刷新功能，新增话题后，需返回到上一页，点击刷新后再次进入，才能找到新增的话题。

(3) 界面间的跳转迅速、正确，能到达要求。

2. 图形测试

通过手工测试，查看了需要进行图形测试的所有内容，未发现缺陷：

(1) 图片或动画等连接恰当，且其有明确的用途，图片小但能说明其意图；

(2) 字体颜色和背景搭配合理，页面字体风格一致，显示正确。

3. 整体界面测试

程序页面结构设计，特别是流畅顺滑的列表滑动，让用户第一感觉较舒适；

能够正确地描述，让用户知道自己需要用到的地方在哪里，符合一般操作习惯，易用性较好。

9.5.2 健壮性测试

利用 Monkey 自动化测试工具，运行命令检测应用程序健壮性。如：

> adb shell monkey -p org.qii.weiciyuan --ignore-crashes --ignore-timeouts -v-v 5000 >e:\monkeyLog.txt

运行测试结果表明，程序未出现崩溃的现象，未在程序中找到 ANR(Application Not Responding) 问题和 Exception(崩溃) 问题，开始日志如下：

> open: Permission denied
>
> open: Permission denied
>
> :Monkey: seed=1432848999454 count=5000
>
> :AllowPackage: org.qii.weiciyuan
>
> :IncludeCategory: android.intent.category.LAUNCHER
>
> :IncludeCategory: android.intent.category.MONKEY
>
> // Event percentages:
>
> // 0: 15.0%
>
> // 1: 10.0%
>
> // 2: 2.0%
>
> // 3: 15.0%
>
> // 4: -0.0%
>
> // 5: 25.0%
>
> // 6: 15.0%
>
> // 7: 2.0%
>
> // 8: 2.0%
>
> // 9: 1.0%
>
> // 10: 13.0%
>
> :Switch: #Intent;action=android.intent.action.MAIN;category=android.intent.category.LAUNCHER;launchFlags=0x10200000;component=org.qii.weiciyuan/.ui.login.AccountActivity;end

结束日志如下：

> Events injected: 5000
>
> :Sending rotation degree=0, persist=false
>
> :Dropped: keys=89 pointers=222 trackballs=0 flips=0 rotations=0

Network stats: elapsed time=132392ms (0ms mobile, 132392ms wifi, 0ms not connected)

// Monkey finished

9.5.3　兼容性测试

兼容性测试内容包括：

- 平台测试（操作系统）版本：Android4.1、4.2、4.3、4.4、5.0；
- 分辨率：800×480、960×540、1920×1080、1280×720、2560×1440、854×480；
- 测试功能：安装、启动、运行、卸载。

由于安装 Android 系统的手机版本和设备千差万别，在模拟器上运行良好的程序安装到某款手机上说不定就出现崩溃的现象，不可能购买所有设备逐个调试，因此采用 Testin 云平台做一般性测试。

共执行 185 项测试用例，测试通过 183 项，未通过 0 项，通过率 100%，测试未执行 2 项，分别是华为 P7-L09 4.4.2、七喜 T730 4.2.2 两种机型。其中，

$$通过率 = \frac{通过的机型数}{测试的机型总数}$$

图 9-2 给出了部分测试用例的执行情况。

测试机型号	系统版本	分辨率	兼容性测试			
			安装测试	启动测试	运行测试	卸载测试
HTC 301e 4.1.2	4.1.2	800*480	安装成功	启动成功	运行成功	卸载成功
HTC 606w 4.1.2	4.1.2	960*540	安装成功	启动成功	运行成功	卸载成功
HTC 608t 4.1.2	4.1.2	960*540	安装成功	启动成功	运行成功	卸载成功
HTC M8St 4.4.2	4.4.2	1920*1080	安装成功	启动成功	运行成功	卸载成功
OPPO N1T 4.2.2	4.2.2	1920*1080	安装成功	启动成功	运行成功	卸载成功
OPPO R2017 4.3	4.3	960*540	安装成功	启动成功	运行成功	卸载成功
OPPO R6007 4.3	4.3	1280*720	安装成功	启动成功	运行成功	卸载成功
OPPO R8007 4.3	4.3	1280*720	安装成功	启动成功	运行成功	卸载成功
OPPO R821T 4.2.2	4.2.2	800*480	安装成功	启动成功	运行成功	卸载成功
OPPO R823T 4.2.1	4.2.1	800*480	安装成功	启动成功	运行成功	卸载成功
OPPO R829T 4.2.2	4.2.2	1280*720	安装成功	启动成功	运行成功	卸载成功
OPPO R833T 4.2.2	4.2.2	800*480	安装成功	启动成功	运行成功	卸载成功
TCL J730U 4.3	4.3	854*480	安装成功	启动成功	运行成功	卸载成功
海信 HS-EG966 4.1.	4.1.2	854*480	安装成功	启动成功	运行成功	卸载成功
海信 HS-EG970 4.1.	4.1.2	960*540	安装成功	启动成功	运行成功	卸载成功
海信 HS-U9 4.2.2	4.2.2	1280*720	安装成功	启动成功	运行成功	卸载成功
华硕 K012 4.3	4.3	1024*600	安装成功	启动成功	运行成功	卸载成功
华硕 ME302C 4.2.2	4.2.2	1200*1920	安装成功	启动成功	运行成功	卸载成功
华硕 ME371MG 4.1.	4.1.2	800*1280	安装成功	启动成功	运行成功	卸载成功
华为 C8817L 4.3	4.3	960*540	安装成功	启动成功	运行成功	卸载成功
华为 G520-5000 4.1	4.1.2	854*480	安装成功	启动成功	运行成功	卸载成功
华为 G520-T10 4.2.1	4.2.1	854*480	安装成功	启动成功	运行成功	卸载成功
华为 G525-U00 4.1.	4.1.2	960*540	安装成功	启动成功	运行成功	卸载成功
华为 G610-U00 4.2	4.2.1	960*540	安装成功	启动成功	运行成功	卸载成功
华为 G620-L72 4.3	4.3	960*540	安装成功	启动成功	运行成功	卸载成功
华为 G6-U00 4.3	4.3	960*540	安装成功	启动成功	运行成功	卸载成功
华为 G730-U00 4.2.	4.2.2	960*540	安装成功	启动成功	运行成功	卸载成功
华为 G730-U30 4.3	4.3	960*540	安装成功	启动成功	运行成功	卸载成功
华为 G750-T00 4.2.2	4.2.2	1280*720	安装成功	启动成功	运行成功	卸载成功
华为 G750-T01 4.2.2	4.2.2	1280*720	安装成功	启动成功	运行成功	卸载成功
华为 P2-6011 4.1.2	4.1.2	1280*720	安装成功	启动成功	运行成功	卸载成功
华为 P6-U06 4.2.2	4.2.2	1280*720	安装成功	启动成功	运行成功	卸载成功
华为 P7-L07 4.4.2	4.4.2	1920*1080	安装成功	启动成功	运行成功	卸载成功
华为 P7-L09 4.4.2	4.4.2	1920*1080	安装未执行	启动未执行	运行未执行	卸载未执行
华为 Y511-T00 4.2.2	4.2.2	854*480	安装成功	启动成功	运行成功	卸载成功
酷派 5219 4.1.2	4.1.2	854*480	安装成功	启动成功	运行成功	卸载成功
酷派 5890 4.1.2	4.1.2	960*540	安装成功	启动成功	运行成功	卸载成功
酷派 5891Q 4.1.2	4.1.2	960*540	安装成功	启动成功	运行成功	卸载成功
酷派 7269 4.2.1	4.2.1	854*480	安装成功	启动成功	运行成功	卸载成功
酷派 7296S 4.2.2	4.2.2	960*540	安装成功	启动成功	运行成功	卸载成功
酷派 8198T 4.2.1	4.2.1	540*960	安装成功	启动成功	运行成功	卸载成功

图9-2　兼容性测试部分测试用例运行结果

9.6 系统测试结果

本次测试通过 Robotium 自动化测试和手工测试，共设计执行测试用例 105 条，未通过 11 条，通过率约为 90%，统计结果如表 9-19 所示。

表 9-19 功能测试缺陷统计

	测试用例总数	未通过用例数	测试用例未通过百分比	Bug 数量分布			
				A 类	B 类	C 类	D 类
注册模块	18	1	5.6%			1	
登录注销模块	10	5	50%		4	1	
写微博模块	14	0	0%				
转发评论微博模块	6	1	16.7%			1	
个人资料功能模块	6	1	16.7%			1	
设置	41	2	4.9%			2	
其他	10	1	10%	1			
小计	105	11	10.5%	1	4	6	0

发现的缺陷详细描述于表 9-20 中。

表 9-20 缺陷描述

缺陷标识	缺陷摘要	缺陷描述	缺陷严重程度	备注
BUG-01	昵称过长无判断处理	邮箱注册→填写昵称，hint = "昵称必须为 4 ~ 24 位字符"，当填写的昵称超过 24 位时，点击注册，跳转到下一个环节	C	
BUG-02	账号尾部空格未处理	登录时在账号后面加空格，登录成功	C	
BUG-03	密码尾部空格未处理	登录时在密码后面加个空格，登录成功	B	
BUG-04	注销不成功	点击注销后，退出程序，再次点击程序，直接进入到首页中去，而非需重新登录	B	
BUG-05	验证码不正常	登录账号时，有时需要输入验证码，有时又不需要	B	复现率 50%
BUG-06	密码无错误次数限制	账号多次输入失败后照样能成功登录，无错误次数限制	B	
BUG-07	建立授权，停止运行	已有微博账号建立授权时，程序停止运行	A	设备：华为 X1

缺陷标识	缺陷摘要	缺陷描述	缺陷严重程度	备注
BUG-08	过滤内容功能不正常	首页过滤——个关键词（存在"来自 15386665847 的一个测试"的内容） ① 进入程序→点击左上侧菜单→设置→首页过滤； ② 点击"＋"按钮，输入相应的数据后点击"添加" ③ 注销账号后重新登录： 预期：不存在该条内容的微博 实际：微博内容依旧存在	C	
BUG-09	过滤用户功能不正常	首页过滤—用户（存在 liyue132） ① 进入程序→点击左上侧菜单→设置→首页过滤→用户； ② 点击"＋"按钮，输入相应的数据后点击"添加"； ③ 注销账号后重新登录： 预期：不存在该用户信息 实际：该用户信息依旧存在	C	
BUG-10	个人资料—粉丝数无法加载	① 进入程序→点击左上侧菜单→选择"个人资料"； ② 点击"粉丝数"进行查看： 预期：显示粉丝列表 实际：无法加载	C	
BUG-11	提及—@我的评论未实现	进入程序→点击左上侧菜单→选择"提及"→@我的评论 预期：显示@我的所有评论 实际：无显示	C	

注：移动客户端应用测试缺陷报告还应描述产生问题的设备平台配置、问题复现的概率等信息，此表中未详尽列出。

测试结果表明，四次元新浪微博客户端功能测试基本通过。

程序权限检查，通过访问网络连接→获取网络信息状态→允许程序写入外部存储→允许 API 访问 Google 的基于 Web 的业务→通过 GPS 芯片接收卫星的定位信息→允许程序执行 NFC 近距离通信操作→允许振动等操作，程序未超过权限范围，用户个人无扣费风险（电话、短信）。

在 2G、3G、Wi-fi 网络环境下进行测试，程序能正常地安装、卸载和运行登录、浏览等，弱网时有时会出现长时间无法登录进入，浏览有时一直处于刷新状态，加载不出内容。经验证，大部分程序也存在该问题，所以给予通过测试。

系统性能测试、用户界面及体验测试、兼容性测试等均通过。

思 考 题

1. 移动应用测试面临哪些风险？有哪些应对措施？

2. 如何在移动应用测试中实现功能迭代测试和回归测试？

3. 什么时候进行稳定性测试？主要方法和手段有哪些？

4. 如果把移动应用程序的开发流程分为初期、中期和后期三个阶段。其中，初期是指硬件刚刚好，基本系统可以跑起来，硬件驱动基本可用，应用功能不完善，无定制系统；中期是指软件应用已完善，系统进入优化、定制期；后期即指上市前的几周，软件要根据不同运营商进行定制。试根据此三个阶段分别考虑测试的主要重点内容。

5. 作为移动应用测试人员，应具备哪些技术和素质？

附录 A 软件产品质量模型

GBT 16260.1—2006 软件工程产品质量：质量模型

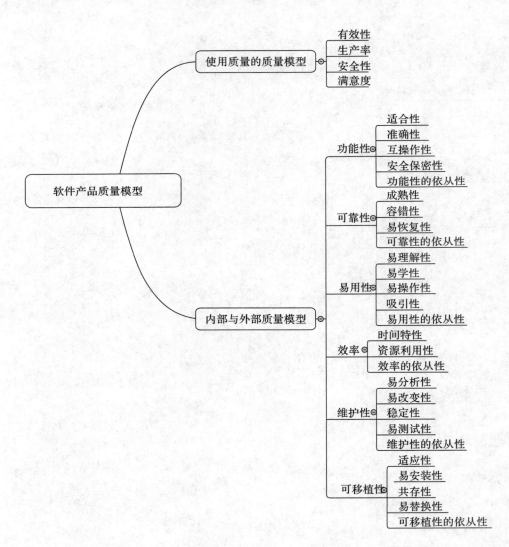

附录 B　HTTP 状态码

1xx: 信息

消息码	消息	描述
100	Continue	服务器仅接收到部分请求，但是只要服务器没有拒绝该请求，客户端应该继续发送其余的请求
101	Switching Protocols	服务器转换协议，服务器将遵从客户的请求转换到另外一种协议

2xx: 成功

消息码	消息	描述
200	OK	请求成功（其后是对 GET 和 POST 请求的应答文档）
201	Created	请求被创建完成，同时新的资源被创建
202	Accepted	供处理的请求已被接受，但是处理未完成
203	Non-authoritative Information	文档已经正常返回，但一些应答头可能不正确，因为使用的是文档的拷贝
204	No Content	没有新文档，浏览器应该继续显示原来的文档。如果用户定期刷新页面，而 Servlet 可以确定用户文档足够新，则这个状态代码是很有用的
205	Reset Content	没有新文档，但浏览器应该重置它所显示的内容，用来强制浏览器清除表单输入内容
206	Partial Content	客户发送了一个带有 Range 头的 GET 请求，服务器完成了该请求

3xx: 重定向

消息码	消息	描述
300	Multiple Choices	多重选择，链接列表。用户可以选择某链接到达目的地。最多允许五个地址
301	Moved Permanently	所请求的页面已经转移至新的 URL
302	Found	所请求的页面已经临时转移至新的 URL
303	See Other	所请求的页面可在别的 URL 下被找到
304	Not Modified	未按预期修改文档。客户端有缓冲的文档并发出了一个条件性的请求（一般是提供 If-Modified-Since 头表示客户只想获得比指定日期更新的文档）。服务器告诉客户，原来缓冲的文档还可以继续使用

消息码	消息	描述
305	Use Proxy	客户请求的文档应该通过 Location 头所指明的代理服务器提取
306	Unused	此代码被用于前一版本。目前已不再使用,但是代码依然被保留
307	Temporary Redirect	被请求的页面已经临时移至新的 url

4xx: 客户端错误

消息码	消息	描述
400	Bad Request	服务器未能理解请求
401	Unauthorized	被请求的页面需要用户名和密码
401.1		登录失败
401.2		服务器配置导致登录失败
401.3		由于 ACL 对资源的限制而未获得授权
401.4		筛选器授权失败
401.5		ISAPI/CGI 应用程序授权失败
401.7		访问被 Web 服务器上的 URL 授权策略拒绝。这个错误代码为 IIS 6.0 所专用
402	Payment Required	此代码尚无法使用
403	Forbidden	对被请求页面的访问被禁止
403.1		执行访问被禁止
403.2		读访问被禁止
403.3		写访问被禁止
403.4		要求 SSL
403.5		要求 SSL 128
403.6		IP 地址被拒绝
403.7		要求客户端证书
403.8		站点访问被拒绝
403.9		用户数过多
403.10		配置无效
403.11		密码更改
403.12		拒绝访问映射表
403.13		客户端证书被吊销
403.14		拒绝目录列表

续表

消息码	消 息	描 述
403.15		超出客户端访问许可
403.16		客户端证书不受信任或无效
403.17		客户端证书已过期或尚未生效
403.18		在当前的应用程序池中不能执行所请求的 URL。这个错误代码为 IIS 6.0 所专用
403.19		不能为这个应用程序池中的客户端执行 CGI。这个错误代码为 IIS 6.0 所专用
403.20		Passport 登录失败。这个错误代码为 IIS 6.0 所专用
404	Not Found	服务器无法找到被请求的页面
404.0		（无）—没有找到文件或目录
404.1		无法在所请求的端口上访问 Web 站点
404.2		Web 服务扩展锁定策略阻止本请求
404.3		MIME 映射策略阻止本请求
405	Method Not Allowed	请求中指定的方法不被允许
406	Not Acceptable	服务器生成的响应无法被客户端所接受
407	Proxy uthentication Required	用户必须首先使用代理服务器进行验证，这样请求才会被处理
408	Request Timeout	请求超出了服务器的等待时间
409	Conflict	由于冲突，请求无法被完成
410	Gone	被请求的页面不可用
411	Length Required	"Content-Length" 未被定义。如果无此内容，服务器不会接受请求
412	Precondition Failed	请求中的前提条件被服务器评估为失败
413	Request Entity Too Large	由于所请求的实体太大，服务器不会接受请求
414	Request-url Too Long	由于 URL 太长，服务器不会接受请求。当 post 请求被转换为带有很长的查询信息的 get 请求时，就会发生这种情况
415	Unsupported Media Type	由于媒介类型不被支持，服务器不会接受请求
416	Requested Range Not Satisfiable	服务器不能满足客户在请求中指定的 Range 头
417	Expectation Failed	执行失败
423	Locked	锁定的错误

5xx: 服务器错误

消息码	消息	描　　述
500	Internal Server Error	请求未完成，服务器遇到不可预知的情况
500.12		应用程序正忙于在 Web 服务器上重新启动
500.13		Web 服务器太忙
500.15		不允许直接请求 Global.asa
500.16		UNC 授权凭据不正确。这个错误代码为 IIS 6.0 所专用
500.18		URL 授权存储不能打开。这个错误代码为 IIS 6.0 所专用
500.100		内部 ASP 错误
501	Not Implemented	请求未完成。服务器不支持所请求的功能
502	Bad Gateway	请求未完成。服务器从上游服务器收到一个无效的响应
502.1		CGI 应用程序超时
502.2		CGI 应用程序出错
503	Service Unavailable	请求未完成。服务器临时过载或当机
504	Gateway Timeout	网关超时
505	HTTP Version Not Supported	服务器不支持请求中指明的 HTTP 协议版本

附录 C 测试计划文档模板

1. 引言

1.1 目的

【编写测试计划文档的目的。】

1.2 背景

【对测试对象及其目标进行简要说明。需要包括的信息有：主要的功能和性能、测试对象的构架以及项目的简史。】

1.3 测试范围

【简要地列出测试对象中将接受测试或将不接受测试的那些性能和功能。描述本计划所针对的测试类型及测试的各个阶段任务。】

2. 引用文件

【制定测试计划时所使用的文档。】

3. 测试资源

【列出此项目的人员组织、软硬件环境、支持软件、测试工具等配备情况。】

3.1 人员组织

角色	负责人	具体职责或注释

3.2 测试环境

软件环境（相关软件、操作系统等）
硬件环境（网络、设备等）
PC 机：
网络：
设备：

3.3　测试工具

工具	用途	生产厂商 / 自产	版本

4. 测试需求

5. 测试策略

【对测试项的测试方法、范围、技术、通过标准等的概要说明。】

5.1　功能测试

测试目标	
测试范围	
测试技术	
测试通过标准	
测试重点和优先级	
需考虑的特殊事项	

5.2　性能测试
……

5.3　xx 测试
……

5.4　xx 测试
……

6. 测试标准

【对缺陷级别、测试通过的定义和说明，以便于对测试结果进行评价。】

7. 测试进度安排

测试阶段	测试任务	工作量估计	起止时间	负责人
1				
2				
3				
4				
5				
6				
7				

8. 风险和应急

【简要描述测试阶段可能出现的风险和处理办法。】

9. 测试交付物

【测试完成后向用户提交的结果清单。】

附录 D 测试报告文档模板

1. 引言

   1.1   编写目的

   1.2   项目背景

   1.3   引用文档清单

名称	编号	版本号	作者	查阅日期

2. 概述

   2.1   测试项目名称

   2.2   测试机构和人员

序号	姓名	岗位	职责	联系方式

   2.3   人力统计

	需求阶段	用例阶段	执行阶段	评估阶段	合计
人数					
工时数					

   2.4   测试地点

   2.5   测试环境

      2.5.1   软件环境

      2.5.2   硬件环境

2.6 测试进度

测试活动	计划开始日期	计划完成日期	持续时间	负责人

3. 测试结果

3.1 功能测试结果

3.2 性能测试结果

3.3 安全测试结果

3.4 兼容性测试结果

3.5 用户界面测试

4. 测试结论

4.1 缺陷分析

4.2 遗留问题

4.3 测试结论

5. 改进建议

附录 E 测试用例模板

测试项			项目名称			
测试依据						
测试方法						
测试环境						
前置条件						
用例设计人员 / 设计日期		用例执行人员 / 执行日期			审核人员 / 审核日期	
用例编号	用例说明	输入 / 操作步骤	预期结果	实际结果	结论 (P/F)	备注
其他说明						

附录 F 缺陷报告模板

项目编号		项目名称		
测试人员		测试日期		
开发人员				
确认人员		确认日期		
模块名称		功能名称		
问题编号		问题摘要		
问题状态		严重程度		
问题类型		优先级别		
复现概率				
测试环境				
测试输入（包含操作步骤）				
预期输出				
测试输出				
异常情况				
附件				

回归测试	测试记录			测试结果
	测试人		测试时间	
最后测试结果				

参考文献

[1] 范勇，兰景英，李绘卓. 软件测试技术. 西安：西安电子科技大学出版社，2009年.

[2] 王顺，潘娅，盛安平，等. 软件测试方法与技术实践指南(Java EE篇). 3版. 北京：清华大学出版社，2014年.

[3] 朱少民. 全程软件测试. 2版. 北京：电子工业出版社，2014年.

[4] 朱少民. 软件测试方法和技术. 3版. 北京：清华大学出版社，2014年.

[5] 朱少民. 软件质量保证和管理. 北京：清华大学出版社，2007年.

[6] (美)惠特克. 探索式软件测试. 方敏，张胜，钟颂东，等，译. 北京：清华大学出版社，2010年.

[7] 陈晔. 大话移动APP测试：Android与iOS应用测试指南. 北京：清华大学出版社，2014年.

[8] 51testing，性能测试进阶指南：LoaRunner 11实战. 2版. 北京：电子工业出版社，2015年.

[9] 刘德宝，杨鹏. 软件测试技术基础教程：理论、方法、面试，北京：人民邮电出版社，2015年.

[10] 于涌. 软件性能测试与LoadRunner实战教程. 北京：人民邮电出版社，2014年.

[11] (美)梅耶(Myers, G. J.)，等. 软件测试的艺术(原书第3版). 张晓明，黄琳，译. 北京：机械工业出版社，2012年.

[12] 施懿民. Android应用测试与调试实战. 北京：机械工业出版社，2014年.

[13] (美)James Whittaker，Jason Arbon，Jeff Carollo. Google软件测试之道. 北京：人民邮电出版社，2013年.

[14] 许奔. 深入理解Android自动化测试. 北京：机械工业出版社，2015年.

[15] (美)霍普，等. Web安全测试. 傅鑫，等，译. 北京：清华大学出版社，2010年.

[16] 友盟统计，http://www.umindex.com/.

[17] 阿里云性能测试平台，https://www.aliyun.com/product/pts.

[18] 百度云移动测试平台，http://mtc.baidu.com/.

[19] 淘宝测试资源，http://test.taobao.com/index.htm.

[20] GB/T 15532—2008计算机软件测试规范.

[21] GB/T 9386—2008计算机软件测试文档编制规范.

[22] GB/T 16260.1—2006 软件工程 产品质量 第1部分：质量模型.

[23] GB/T 16260.2—2006 软件工程 产品质量 第2部分：外部度量.

[24] GB/T 16260.3—2006 软件工程 产品质量 第3部分：内部度量.

[25] GB/T 16260.4—2006 软件工程 产品质量 第4部分：使用质量的度量.